用香之道，养生为本

品香鉴香用香图鉴

师宝萍 / 编著

·北京·

图书在版编目（CIP）数据

品香鉴香用香图鉴/师宝萍编著 . —北京：化学工业出版社，2015.1（2025.5重印）
ISBN 978-7-122-22677-8

Ⅰ.① 品… Ⅱ.① 师… Ⅲ.① 香料-文化-中国 ② 养生（中医）-文化-中国　Ⅳ.①TQ65②R212

中国版本图书馆CIP数据核字（2014）第302660号

责任编辑：郑叶琳　　　　　　　　　装帧设计：尹琳琳
责任校对：蒋　宇

出版发行：化学工业出版社（北京市东城区青年湖南街13号　邮政编码100011）
印　　装：涿州市般润文化传播有限公司
710m×1000mm　1/16　印张7　字数71千字　2025年5月北京第1版第2次印刷

购书咨询：010-64518888　　　　　　　　售后服务：010-64518899
网　　址：http://www.cip.com.cn
凡购买本书，如有缺损质量问题，本社销售中心负责调换。

定　价：48.00元　　　　　　　　　　　　　　　　版权所有　违者必究

序一

中国香文化,是中国文化中似乎被人们视而不见,却又时时浸淫其中的特殊文化系统,她蕴含着中国人香火永续、万古流芳这一数千年来的终极追求。在五千多年的历史长河中,中国人的生活中无处不隐现着它缕缕芬芳和梦幻般的身影。细品中华民族几千年的繁荣兴衰,也与其有着密切的关系。唐宋时期,香药贸易曾经是国家经济的重要支柱之一,最高峰时曾占据国民经济总收入的三分之一以上。今天的海上丝绸之路在西方及历史上曾被誉为"海上香药之路"。唐宋时期,被称为"众香国"的华夏大地曾经"巷陌飘香",在充满芬芳的世界里,人们追求着人天同乐的和谐典雅生活。失去香文化的文化会少了灵性,没有香文化的生活是躁动的生活,缺失了香文化的身心常常处于亚健康的状态。

中国人的香文化如同整个文化体系,与西方文化有着本质的不同。中国人的香不是简单的对香味的追求,是究心的,内养的,并且有着丰富文化内涵。在香的使用上,既是文化艺术的综合享受,更是道德的标范,颐养心性的良药。从根本上讲,国人用香的目的,是对身心健康的颐养。

黄帝曾说:"五气各有所主,惟香气凑脾。"香对人体最直接的作用就是通过口鼻及周身的毫毛孔窍,沿阳明经而入于脾脏,达到养护脾脏之效。就传统人天观而论,在人脱离母体,从先天转入后天开始,脾脏就开始成为分配、协调人体能量的主导性器官,主"运化水谷精微",故被称为后天之本。由此可知脾脏的健康是人体健康的重要保障。

传统的保健养生,重在养字。《荀子·礼论》中说:"刍豢稻粱,五味调香,所以养口也;椒兰芬苾,所以养鼻也;……故礼者养也。"《荀子·正论》中又说,"居如大神,动如天帝"的古天子出行,车驾也要饰以香草,"乘大路趋越席以养安,侧载睪芷以养鼻,前有错衡以养目"。我们从中可以看到春秋战国时期,香在安养中已占据了重要的地位,甚至奠定了其在养生中的重要地位。

汉代,是香文化向规范化、制度化、标准化发展的重要时期,"香气养性"作为身心修养的基本概念得以确立,同时确立了"和香"的基本规制。香与中医药成为了并驾齐驱的两大养生系统。中医药以治病为主,而香以治未病之病为主,是既相互联系又特立独立的两大系统。这两大养生系统为中华民族的繁衍生息和健康幸福,作出了巨大的贡献。

历史上,香不仅是治未病之病的良药,更是修养道德、颐养心性的标范和珍宝。古人把香视为君子之象,是纯阳之气的凝练。所以古代圣贤以香为师、以香为友,以香作为衡量心性的尺度。"惟德惟馨"、"至治惟馨"不正是以馨香为标范的表述吗?

香是高尚的、典雅的,是有无互化、通无化有的。但她又是朴实无华且平易近人的,她全方位地融入了生活的方方面面,根植在人们的心性之中。其形态及使用形式又是丰富多彩的,有焚烧的、熏品的、口含的、吃的喝的、熏衣熏被的、沐浴的、佩戴的、装饰的、收藏的、建筑的、治病的,林林总总,蔚为大观,几乎涉及生活的各个方面。也正是因为她融入生活之中,成为了生活中的重要组成部分,所以她才具有了无限的生命力。

师宝萍老师倾心于香文化的研究与实践,多年来致力于香文化发展的推动与传播,并潜心于香与养生的研究与探索,十分高兴她将多年的研究成果编撰成书,这无疑是丰富香文化宝库的有益之举。为此谨致以同道的祝福与庆贺!希望师宝萍老师大作的问世能唤起更多有识之士、大德高贤贡献出对香文化研究的真知灼见,使香文化的发展与研究再现百花齐放、满园春色之壮丽。

傅京亮
于北京慧通香学文化发展研究院

序二

中国有 5000 年用香的历史。但从鸦片战争以后，中国人疏于用香，中国香文化呈日渐衰微之势。但进入 21 世纪以后，随着中国传统文化的重拾，中国香文化乘势开启了新的一页。祖先留给我们的丰富的香典、浩博的香方、优雅的香诗、触手可及的香药给了我们恢复传统香生活的足够信心。近十年来，各种关于香的出版物不断问世，各地的香馆、香产业也欣欣向荣。在中国香文化再次起步的当下，需要众人拾柴。任何形式的香事业都是值得鼓励的。但我们应不忘记中国传统香文化的特点与使命：使用天然香料、重在养生养性。

师宝萍女士品香鉴香用香图典一书系统地梳理了用香养生的历史，并探究了用香养生的理论。品香鉴香用香图典把香文化退回到中国五千年浩博的历史长河中去考察，而不是以香论香。书中注重了对香药养生的物质基础的记述，较详细地记述了各类香药的产地、气味、药性，并指出："遍观植物类香科，生在亚热带、热带的较多，这些地区日照充足，雨露滋润，便于植物吸取大自然的精华之气。……植物产生香气是它抵御虫害的手段之一。……所以香药秉纯阳之气而生，为纯阳之物，有避虫杀菌、扶正祛邪、生发阳气之功效。正是这些植物的自我保护体气给人类提供了应用和养生的基础。"书中还较详细地记述了用香养生的生理基础："鼻司呼吸，生命在于呼吸之间。每人每天平均呼吸两万三千多次。鼻子上端有五百万根神经末梢，它们将吸入的空气分子很快送到中脑周边的记忆系统，而鼻黏膜和末梢神经把感知的气味通过经络，迅速送到身体的各个部位。好气息可以扶正；恶气息则邪气入侵。……香气聚积于胸中，随着气机的升、降、出、入，其运行上可至咽喉，下可及丹田，贯注于心脉以行气血，从而输布至全身百脉，滋养身心。"这些都从理论上确切地回答了闻香到底能不能养生、香气对身体如何发生作用等的重要问题。

如上所述品香鉴香用香图典一书首先是一本科学著作，它依据中国医学的理论对香料、香方、香疗进行了分析阐述。能有如此的成果，是因为作者师宝萍本身就是一位基础医学的专家并从事了十五年的医药保健的研究和推广工作。她是在积累了丰厚的中医学学科的理论研究与实际经验之后才进入香文化领域的。这与历史专业、艺术专业、管理专业等人才进入香文化领域后的撰述显然是有区别的。所以我认为，这本书可以作为推广用香养生的科学教本。

品香鉴香用香图典一书中对于历代用香的方式、对当今中国香品的使用方法作了全面的记述。看上去选择线香那很随意的一件小事也被作者分析得详尽入理："沉香线香，气味清雅、飘逸、穿透性和附着力强。因沉香醇的作用，其养生意义在于减压、祛燥、静心、助眠。在品茗、聊天、安睡、旅行时都可以使用。而纯天然檀香线香，气味醇厚浓郁、包容、执着、灵通。其杀菌、去异味、醒脑提神、凝思作用大于沉香。所以，可用于办公、创作、读经、礼佛、修炼等。多种香料合成的线香其养生作用更突出。有的以洁净避秽为主，有的以安神开窍为主，有的以疏通经络为主要作用。这种天然合成的线香的香气有淡淡的中药气。"这些独特的观点非有长期用香制香的经验者是难以形成的。作者师宝萍专心研究香药已十余年，推广香文化已经三年，虽然时间不长，但她已经把"翰方香道"打造成了一个较成熟的香文化教育推广机构，并且在当今中国香文化重新起步的时期，起到了引领此行业前行的作用。品香鉴香用香图典中所涉及的燃线香、打篆香、隔火品沉香、做香囊、做香手串、香艺表演、香席设计等就是她所经营的"翰方香道"的成果总结。所以我认为，这本书值得香馆经营者及香文化学习者阅读。

品香鉴香用香图典的文字表述也是非常流畅的。洋洋洒洒中又见深入的阐述，有一气呵成之感。这恐怕是因为作者对香道事业的全心投入而后积累了充分的腹稿；还因为作者出色的中文功底。当然还因为作者在这之前已有多部著作出版。

总之，我能成为品香鉴香用香图典的第一个读者深感荣幸，也希望有众多的读者通过阅读这本书走进香的世界，并借助香的能量获得更多健康。

北京大学　教授　滕军
写于云月斋

自序 玉壶冰心香如故

与香有缘，许是偶然，也是必然。

生在洛水之阳，受十三朝帝都文化濡染，得四代书香传承，半生勤勉，亦商亦学从未间断。从古都到京城，历经商海沉浮，世事繁杂，内心总在寻觅一剂真正滋养人生的良方。直到近年来专注于香学，方明白，这缕缕香氛才是我的追逐，这馨香无比才是我的归属。

说来也巧，前一时期回故乡，被一本书《闻香识洛阳》所吸引。书中用一个"香"字概括了洛阳之大美：古色古香——帝都文化，国色天香——洛阳牡丹，御宴飘香——洛阳饮食，烟火佛香——佛寺古迹，词墨诗香——河洛文化。洛水汤汤，古城新貌；时日匆匆，童颜鹤首。蓦然回首，自己也离开洛阳十多年了。十年京城洗练，"繁华事散"总掩不去四十载河洛文化熏染，终忘不了这历久弥新，丝丝入扣，常常萦绕于心间的洛阳"香氛"。想来，这才是我的香缘。

爱上香，还应溯源到当年的二姐。20世纪70年代毕业于长春地质学院的她，不顾家里所有人包括未婚夫的反对，毅然打起背包赴西藏，在"世界屋脊"上搞地质勘探整五年，每年回家所带最好的礼物就是"尼木藏香"。那纯正而浑厚且含着中药香的气味，和姐姐描绘它能为藏民祈福、助产、消灾的神秘感，使我一下子爱上这香的韵味。那年我参加中招考得了全县第三名，女生第一名，我总认为是藏香的作用。因为，我在煤油灯下复习得头昏脑涨的时候，确实偷偷燃过一两支藏香，还躲过三姐的监督，燃过三柱藏香为自己祈福。想必是它的醒脑提神助记忆功效和祈福都灵验了。于是我每年一支支数着藏香期盼姐姐归来，为全家带来好香和好运。

把香药用于医疗保健是2004年的事，那时我已在医学研究院工作，并开始修第二学历——基础医学，尤钻研中西医结合之基础理论。参考古方，把香药熏疗用于眼科外治，疏经通络、明目养肝，用于防治青少年近视收获得良好效果。后编写入《近视眼新见解与防治》（人民军医出版社，2005），至今还在全国中医视力矫正方面使用。2007年又把香疗用于保健养生项目，率先在负离子汗蒸房和泡浴包中添加中药香料，用于祛湿、排毒、养颜，也被业界广泛采用。

六年前初品沉香，领略到世间尤物之妙，继而读到《中国香文化》、《燕居香语》、《香学会典》等，更为香文化悠久的历史传承，美妙的闲情逸致所倾心，使我结合自己的健康领域逐渐深入研究香对人类身体、心理、灵性的养生意义。于是，奋起、痴迷、执著：研读用香史、香料史、制香史；综合植物学、药学、心理学；拜会老师，请教前辈，查阅典籍，走访香区……如饥似渴。其间尤感谢几位香学前辈对我的指导：与傅京亮老师同参加香业盛会、同录制《围炉艺话》之际，畅谈"一炉香事"受益匪浅；与滕军老师一起参观、合作，我在她的课堂、她在我的考场，指导具体严谨；与陈云君老师曾深夜短信沟通如何学香，去伪存真，大师风范令人钦佩，催人奋进。

于是，传播、呼吁、实践，综合史上用香之范例，剖析古今用香之本质，述浅薄之见，传香事之本，讲养生之理。愿添一缕香氛，让"香火更旺"，送一份健康，让生命更美好！

香引　香逢盛世馨烟袅

中华香文化，曾在历史的长河中芬芳旖旎走过。春秋萌发，汉唐发展，宋元鼎盛，明清传承，近现代衰落。如今她又在盛世欢歌、民心思古之时，随国学文化一起复苏，在社会精英群中悄然兴起，伴随着对品质生活的追求，对经典时尚的美慕，熏风乍起，香气渐溢。

当"博山再暖"，沉、檀烟袅之时，却发现她不再有当年的权贵之风、宫闱之气、闲散之态，而是与时尚结合，和经典联手，与休闲并行。并且冠以一个貌似熟悉，但又陌生的名字——香道。与"花道"、"茶道"一起，略带大和民族的规矩，典雅而精致地向我们走来。

于是，精英们"闻香悟道"，白领们闻香减压，时尚族闻香怡情……更有不少人谈香论道，品评审美，收藏投资，听香雅聚，乐此不疲。足见，香之引人、悦人之处。

香风渐起时，总会有些许迷茫，不少疑虑，几分浮躁：香为何物？香于我何用？是否因其贵重才值得炫耀？凡此种种，有必要解其本源，探其曾经，明其究竟。

作者凭多年国学爱好，中文研习，10年中医药健康养生实践，结合近年来对香文化与养生的研究，以及倡导"用健康香，健康用香，用香健康"的实践，在袅袅馨烟、微火慢品之余，愿把自己对当代用香之见解——"用香之道，养生为本"的理念，与业界同道交流，与爱香之人共享！

目录

序一（傅京亮）

序二（滕军）

自序 玉壶冰心香如故

香引 香逢盛世馨烟袅

第一章 香和道 /1

一、香道之"香" /2

1. "香"是一种美好的气味 /2
2. "香"是一种健康的自然元素 /2
3. "香"是一种心情调养 /3

二、香道之"道" /4

1. 哲人所讲的"道" /4
2. 香道之"道"的含义 /5

三、"香道"之养生本质 /6

1. "香道"即"用香之道" /6
2. "香道"之本质是养生 /8

第二章 古典用香史 /11

一、先秦时期用香：最朴素的养生诉求 /12

1. 远古用香与神对话"保命"和"养命" /12
2. 先秦佩兰、熏艾以疗疾、立德 /13

二、汉魏时期用香：颐养身心 /14

1. "博山紫霞"帝王情——香为修行 /14
2. "椒房专宠"妃子爱——香为住堂 /15

三、隋唐时期用香：疗疾、修性 /16

1. 医家用香：治病疗疾 /16

2. 宗教用香：修持养性 /18

四、宋代用香：精神上的修养 /19
　　1. 香学专著：养生方剂 /19
　　2. 闻香闲事：陶冶性情 /20
　　3. 隔火煎香：情感养生 /22

五、香集大成：合香与养生 /22

第三章　品香鉴香用香 /26
一、单品香料的养生及应用 /27
　　1. 沉香 /27
　　2. 檀香 /31
　　3. 降真香 /33
　　4. 丁香与丁皮 /35
　　5. 藿香与广藿香 /37
　　6. 甘松香 /39
　　7. 零陵香 /40
　　8. 木香 /42
　　9. 苏合香 /44
　　10. 龙脑香 /45
　　11. 乳香 /47
　　12. 安息香 /49
　　13. 豆蔻 /51
　　14. 艾草 /52
　　15. 白芷 /54
　　16. 细辛 /56
　　17. 迷迭香 /57

18. 龙涎香 /59

　　19. 麝香 /61

　　20. 灵猫香 /63

　　21. 甲香 /64

二、合和香方的养生及应用　/66

　　1. 古之和配之香 /66

　　2. 合香养生实例 /66

第四章　当代用香养生及应用　/69

一、香品的养生之法　/70

　　1. 简便易行燃线香 /70

　　2. 修身养性打篆香 /72

　　3. 启智开悟品煎香 /77

　　4. 手工制作玩末香 /84

二、香氛围的养生之法　/91

　　1. 工作、创作——"灵芬一点静还通" /91

　　2. 商务、谈判——有事好协商　共品一炉香 /92

　　3. 生活、居家——"香满芸窗月满户" /93

三、香生活的养生之法　/94

　　1. 读书、听琴——"即将无限意，寓此一炷烟" /94

　　2. 静心、助眠——"灯影照无睡，心清闻妙香" /94

　　3. 浅酌、小聚——香·茶一味欣满怀 /95

　　4. 旅行、外出——"宝马雕车香满路" /97

　　5. 馨烟通天界——感格鬼神，清净心身 /98

第一章 香和道

一、香道之"香"

1. "香"是一种美好的气味

"香"是一种气味。这种气味甘甜、芬芳,如五谷之气,好闻。

当代生活用香体现在哪些方面?

《说文解字》解释:"香,芳也,从黍从甘。"其意为,香就是芬芳之气,由"黍"和"甘"组成。"黍"表谷物,"甘"表香甜美好,本义为五谷的气味,可引申为好闻的气味。《春秋传》也说:"黍稷馨香。"意思是,香为谷物之气,近闻为"香",远闻为"馨"。《新华字典》注解:气味好闻,与"臭"相对,如香味、香醇、芳香、清香。

香气有多种多样,也有多种分类方法。根据其特征、强度、浓度及不同的理化性质,我国调香界前辈把香气划分为花香和非花香两大类。

花香香气有:清(青)韵、清(青)甜香韵、甜韵、甜鲜香韵、鲜韵、鲜幽香韵、幽韵、幽清(青)韵。非花香香气有:青滋香(包括清香);草香、木香、蜜甜香、脂蜡香、膏香(包括树脂)、琥珀香、动物香、辛香、豆香、果香、酒香等。

这类香气依赖于健全的嗅觉器官,通过呼吸让人们感知。之所以称之为"香"而不再叫"臭",是因为闻到这些气味,可以芳芬避秽、除臭解污,可以使人心情舒畅、精神愉悦,可以使人放松神经、解除疲劳等。

2. "香"是一种健康的自然元素

香气,通过含香氛因子的物质散发出来。这类物质在植物界和动物界都存在,可通过采集、制作、提炼、合成等方法使之释放和产生有益于健康的气味。

合香与单方香有何区别?

纯天然芳香类植物，据不完全统计在世界上有 3600 多种，被有效开发利用的有 400 多种，植物类香可分为草本、花卉、木本、树脂类香。还有动物类香，如麝香、龙涎香、灵猫香、甲香等。

天然香料的分类如下。

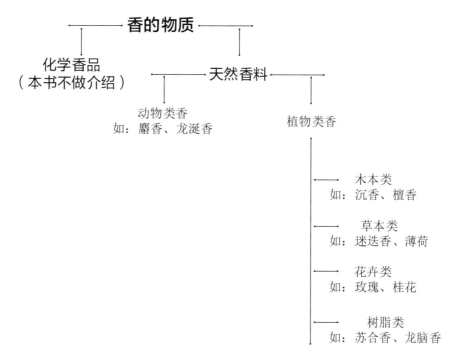

3、"香"是一种心情调养

在人们的意识领域，香，不单单指一类物质，有时候还指一种虚无缥缈的神韵，营造出一种灵性的境界。例如，人们在祭祀、礼佛、修道或禅静时，一缕馨烟可以是人、神沟通的天线，身、心对话的平台。

千百年来，人们用它在祭坛之上祭天、祈愿，在庙堂之中礼佛、拜祖，它就是人与神沟通的载体。三炷灵香似乎可以遥感宇宙万物，把敬意、祈愿、祝福一一传达。面对灵香默默祷告，那份虔诚、那份真挚，只有馨香会代为转达。这一功能，从远古人类"燎祭"开始，薪火相传，直至今天。香文化中"上香"、"敬香"、"传香火"、"心香一瓣"等都指灵性的香。

香，营造出一种静谧的氛围、舒心的情调。一柱馨烟，或升腾淡远，或缭绕盘旋。观烟，令人凝神、静气；闻香，"清净身心"，倾听自己。浮世繁华，这一刻在香烟中被驱除心外，静心、安神、心神合一，内观自省，启智开悟。

小结：香道之"香"，是纯天然香而非化学合成香，是蕴含天地精华，芬芳可人，能给人类带来身、心、灵愉悦和健康享受的物质。

二、香道之"道"

1. 哲人所讲的"道"

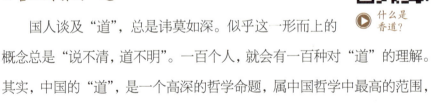

什么是香道？

国人谈及"道"，总是讳莫如深。似乎这一形而上的概念总是"说不清，道不明"。一百个人，就会有一百种对"道"的理解。其实，中国的"道"，是一个高深的哲学命题，属中国哲学中最高的范围，表示"终极真理"。哲学认为，万事万物皆有道，道，以百态存于自然。

所以，从哲学流派诸子百家到宗教流派道教等，都讲"道"。《易经》讲："一阴一阳谓之道"，意思是阴阳的交合是宇宙万物变化的起点；老子《道德经》中的"道生一，一生二，二生三，三生万物"讲的"道"是自然之道；"道可道，非常道。名可名，非常名"，是无形的道理、规律、精神和领悟；孔子《论语》里的"朝闻道，夕死可矣"是说明白事理之不易。凡此种种，是先哲们对"道"的理解。

2. 香道之"道"的含义

香道之"道",有双重含义。

一是"道理"之道,即用香之本源和终极目的。这个属于哲理范畴,也是所有香者和爱香人士毕生追寻的目标。所谓"闻香悟道"和"静心契道"之"道",即为此意。

二是"规制和方法",有"道路"之道的意思,指用香的具体操作方式、仪式、过程和方法,如日式用香的"香道"。

目前香文化复苏后,我们遵循和传承的香道之道,应该将上述含义合二为一。只偏重于追寻哲理,而没有一定的用香方式和方法甚至仪式,香道就无所依从。而单单刻意追求过程和方法的烦琐,则会流于形式,失去了用香之本。

品香

三、"香道"之养生本质

1. "香道"即"用香之道"

香道,是香文化复苏后运用最广、传播最快的一个香学概念。它,来得及时而迅速,让人们从传统的礼佛、祭祖用香中耳目一新地关注到了它的区别,以一种满含生活品位的全新姿态进入人们的生活。

一时间，人们还不明白怎样来定义和描述它：是用香技法？是沉香用法？是休闲方式？是高大上的显摆？

我国台湾的刘良佑老师在《香学会典》里解释道："所谓香道，是通过眼观、手触、鼻嗅等品香形式对名贵香料进行全身心的鉴赏和感悟，并在略带表演性的程序中，坚守令人愉悦和规矩的秩序，使我们在那种久违的仪式感中追慕前贤，感悟今天，享受友情，珍爱生命，与大自然融于美妙无比的清静之中。"似乎讲的是一个过程，一个固有的程式。这是以香作为媒介，感悟生活、明白事理的一个过程。

日本人把"香道"、"花道"、"茶道"并称为"三雅道"，认为香道是按照一定方式的闻香风俗。从香料的熏点、涂抹、喷洒所产生的香气、烟形中，形成令人愉快、舒适、安详的气氛。配合艺术性的道具，典雅的环境布置，清丽的点香、闻香手法，一丝不苟的行香过程，从而引发回忆或联想，使人们的生活更丰富、更有情趣的一种修行法门，就叫做香道。

这样定义"香道"，只是把用香当做一种审美的活动，通过人们视觉、嗅觉、触觉等方面的体验，达到精神层面的一种或多种感悟。而这种体验，对不同的人群、不同阅历者、不同的感知水平，都会有所不同。一炉不同的香品，一个不一样的环境，几个不同的朋友，其感悟也往往是不同的。

其实，"香道"应是用香之道，即用香的根本和究竟。它是指人们通过各种方式来使用香料、香药、香品时，所要达到的一种目的、效果和境界。既要有遵循自然规律即天地之大道的取香之法、制香之规，又要有符合人性的用香之理，达到天、地、人的和谐统一，从而在用香过程中有体悟、有感受、有启发、有灵性的升华。

失然篆观烟

2. "香道"之本质是养生

自古到今,中华民族的用香之道,体现的最根本点是养命和养性,即用香料本身的特性来避秽、杀菌、祛疫、疗疾,通过用香过程来修身、养性、通灵、开悟。可归纳为"用香之道,养生为本"。

如何用香道调节压力?

首先,香道所用香材、香料为养生提供了物质基础。自古以来,香、药同源,中药一大部分就是香料。自汉、唐以后,医家、药师用香入药已很普遍。

例如，唐代孙思邈的《千金方》和《千金翼方》中记载了大量香疗方法；明代李时珍的《本草纲目》中列有芳香类植物56种，还有很多芳香植物被分别收录于该书的蔬部、果部和木部中。用芳香类植物直接入药配方的例子也不计其数。例如，沉香、麝香、白芷、艾叶等现在还在中药中广泛使用。香料、香药本身芳香的气息会通过人的呼吸系统刺激神经，起到"芳香通气"、"芳香止痛"、"芳香化湿"、"芳香开郁"等作用，实现调节人体内分泌，促进新陈代谢，增强肌体免疫力的效果。

其次，香道用香过程是养心境，即修身养性。香乃圣洁之物，无论是制作、品闻还是修炼都应有恭敬心和感恩心，燃香和用香的过程是修持的过程。在浮躁和繁杂的环境中，能不动于心，不乱于情，不因繁复琐事而烦恼，不为大起大落而忘形，是一种境界。至于供奉用香、祈福用香更应虔诚、静心。香性合和，正气充盈，心会随香氛调和得不急不躁、不嗔不恨，在香的氛围中，心灵得到安抚、净化、解郁，这是养心的过程。焚熏沉、檀或合和之香均可起到愉悦身心、修养性情的作用。

香道用香的最高境界是体悟人生哲理。佛教《楞严经》里香严童子因为闻沉香而进入"圆通"境界，道教里有诸多因香得道升仙的例子。观一柱线香的袅袅馨烟，闻一炉篆香的缕缕香氛，可以净心、安神。静品一炉"芽庄"、几片"红土"，丝丝韵味变换，可启智、开悟，使心结疏通、事理明晰。像朱熹一样去体会"花气无边熏欲醉，灵芬一点静还通"（《香界》），与陈去非一起顿悟世事过往"应是水中月，波定还自圆"（《焚香》）。

香氛的启智开悟，虽然并非人人可以达到，但焚香改善心境，在平静、理智、轻松、遐想的心境中，总会有所体悟。香道的终极养生，是道理的明晰和道德的自律。或达到"修身、齐家、治国、平天下",或达到"无为而治"、"逍遥人生",或达到事理通达、延年益寿,也可谓人类养生之终极目标了吧。

博山烟袅

第二章 古典用香史

中华民族用香史，可上溯至五千多年前的史前文明红山文化时期（有考古出土陶炉盖和陶炉为证）。用香的史实记载，从春秋战国时期开始，香文化经过汉、唐时期的迅速发展，到宋、元时期达到顶峰，在明、清时期呈现总结和传承之势，清代末期由于种种原因开始衰落。纵观香文化史，古人用香，在不同的历史时期虽有不同的阶层、不同的形式、不同的繁荣程度，但"养命"和"养性"这一根本目标却始终未变，一脉相承。

一、先秦时期用香：最朴素的养生诉求

1. 远古用香与神对话"保命"和"养命"

蛮荒时代的"燎祭"，一说是先民用香的开始。点燃香木、柴草，在空旷的原野、湖边、山前，赤膊裸体、手舞足蹈，祭雷神以求雨，祭湖神以免灾，祭山神以求福。其实，这是一种最朴素的养生——也可叫求生诉求。因为，当时的先民们，还处于动物本能需求阶段，对于生活的要求就是"食，果腹"。但大自然的洪荒、水火常常危及他们的生命，于是，"保命"就是生存之根本。而以他们的羸弱和蒙昧，根本无法抵御和改变这一切。所以，当灾难来临之时，只能束手就范。人类求生是一种近于动物的本能，但人类用思维改变困境却是高级动物的本能。于是，先民们通过焚草木、献牺牲的方式祈求上苍，用燎祭的方法寄托自己求生、保命的愿望。

考古出土的陶熏炉，说明了古人用香的另一个层次——生活用香。

用它焚烧香草，如艾、萧等，来驱蚊、避虫、祛疫，是提高生命质量的需求。较之燎祭祈求的"保命"，这应该属于"养命"范畴，是先民们提高生命质量的诉求，需求较高一层。净化生存环境，保障肌体健康是"养命"的需要。

有人形象地推测过当时的情景：似乎是一位原始部落首领，坐在当时的茅草庵旁，由仆人或族人不时往陶熏炉里放着艾、萧，陶熏炉顶端的小孔正丝丝往外冒着青烟，远处蚊虫在嗡嗡地闹着，但陶熏炉边的首领却处之安然。最原始的"养生"，就这样在香熏中产生了。

正是这一"保命"和"养命"的需求，奠定了香在之后千百年不变的功用。在之后的历史长河中，人们每遇灾难就想起祭祀，燃香火、奉牺牲、祷告天地神灵，绵延不断。人们每遇疾病就想起熏焚祛疫，从宫中御医到民间郎中无不以香为药，治病、疗疾、养生。

2. 先秦佩兰、熏艾以疗疾、立德

秦朝以前，中原地区的人们认知和使用的只有少数花草香，如泽兰、蕙草、萧、艾、香茅等。人们用香的方法也较简单：佩戴、熬膏、熏染等。

《礼记·内则》中也记载："男女未冠笄者，鸡初鸣，咸盥漱，栉縰，拂髦，总角，衿缨，皆佩容臭，昧爽而朝。"郑玄注："容臭，香物也。"即指香囊。佩戴容臭，是为了接近尊敬的长辈时，避免自己身上有秽气触冒他们，也是古代洁身、芳香避秽的开始。

《山海经》中也指出：佩戴熏草，香似蘼芜，可以治疗皮肤病；佩戴迷谷，能使人精神清爽而不迷乱。可见，古人佩香的本意是，取其芳香除臭，疗疾养心。

我国第一部医学典籍《黄帝内经》，总结了战国时期以前人们与疾病长期斗争的医疗经验。它不仅反映了当时医学发展的成就，确立了我国医学的理论体系，而且是祖国医学的基础。

《素问·异法方宜论》中记载："北方人喜乳食，脏寒生满病，其治宜灸㷋。"灸㷋，即艾灸。《素问·汤液醪醴论》中记载："火剂毒药攻其中，镵石针艾治其外。"镵石针艾，也指艾灸、薰燎等方法。可见当时艾草已被用在祛病、健体的具体疗法中了。

正因为香草的这种洁身、除臭、避秽功能，它被楚国的士大夫屈原佩在身上，含在口中，赋予洁身自好、正直美德。《离骚》："扈江离与辟芷兮，纫秋兰以为佩。""惟兹佩之可贵兮，委厥美而历兹。芳菲菲而难亏兮，芬至今犹未沬。"这应是当时用香的典范，也是用香养性的较高境界。

二、汉魏时期用香：颐养身心

由于汉代国力强盛和丝绸之路的开通，香料和香药迅速丰富起来，苏合香、乳香、龙脑香、沉香、檀香等名贵、精细、芬芳馥郁的香料纷至沓来，补充了中原地区单调的"兰、蕙、椒、桂"草木香的不足，使合香、配料、精细焚熏成为可能，也使得用香养生、怡情更为多样化。

1、"博山紫霞"帝王情——香为修行

河北省满城西汉中山靖王刘胜墓出土的错金博山炉，向人们展示了

汉代熏香的方式。唐代李白的诗"博山炉中沉香火,双烟一气凌紫霞"(《杨叛儿》),正描写了帝王用博山炉熏香的情景。汉代以后不再把茅香、蕙草之类放置在豆式香炉中直接点燃,因为这样烟火气很大,而是把通过丝绸之路运来的上等香料,如苏合香、乳香、龙脑、安息香等,合成香球或香饼,放入十分考究的博山炉中,下置炭火,用炭火将这些树脂类的香料徐徐烤热,香味浓郁,怡情、养性、修炼十分惬意。

博山熏香,嗅觉、视觉都是一种享受。望博山炉高耸峻峭,雕镂成起伏的山峦之形;看山间青龙、白虎、玄武、朱雀等灵禽瑞兽出没,各种神仙人物演绎;观承盘中热水(兰汤),润气蒸香;袅袅香烟从层层镂空的山形中高低散出,缭绕于炉体四周,加之水汽的蒸腾,宛如云雾盘绕海上仙山。汉代诸位帝王借此烟霞,定是气爽、神清,舒心、随性,悠哉、快哉!

2、"椒房专宠"妃子爱——香为住堂

汉代,未央宫有"椒房殿",是皇后的住处。汉哀帝迷恋美少年董贤,爱屋及乌,将董贤的妹妹也立为妃子,名号为昭仪,地位仅次于皇后;她所住的宫殿也被改名为"椒凤殿",以与皇后的椒房殿相抗衡。和凝《宫词》中"红泥椒殿缀珠珰,帐蹙金龙窣地长",写的便是椒凤殿中安卧修养的美景。

其实,"椒房专宠"在春秋时期就出现了。美人西施,与郑旦一起被献到吴国之后,吴王夫差就特意修筑了"椒华之房",让她们居住。在《九歌·湘夫人》一篇中,湘君用各式各样的香木、香草盖起一座华堂,等待湘夫人的来临,而这华堂的墙壁,也是用芳香的花椒子涂抹而成的。

君王为宠爱的妃子修建椒房,其颜色呈粉色,暧昧而温馨。花椒芳香,本身具有驱寒、暖宫的作用。加上其本身多子,喻多生贵子之意,皇妃当然受宠若惊。花椒还有防蛀虫的效果,可以保护木质结构的宫殿不被蛀坏。

三、隋唐时期用香:疗疾、修性

隋唐时期,社会经济高度发展,促进了文化鼎盛,香文化也迅速发展和完备起来。皇宫贵族用香更加奢华:隋炀帝除夕燃十车沉香,通宵达旦,香飘十里;唐明皇为贵妃修建沉香亭,夜夜笙箫;贵妃沐浴华清池,"叠香为方丈瀛洲"(《明皇杂录》)。同时,熏香、佩香、沐香也迅速往民间扩展。医家用香和宗教用香成为民间用香疗疾、养生的主要方面。

1. 医家用香:治病疗疾

早在汉代,名医华佗就曾用丁香、百部等药物制成香囊,悬挂在居室内,用来预防"传尸痋病",即肺结核病。到了唐代,医家、药师用香入药更加普遍。孙思邈著的《备急千金要方》(简称《千金要方》或《千金方》),被誉为中国最早的临床百科全书。加之后来补著的《千金翼方》,两部书收载了当时宫廷和民间的大量香疗方法。书中还设有"面药方"、"薰衣浥香方"、"令身香方"等专章,收录香疗法古方近百种。其中对香药之本、诊治之诀、针灸之法、养生之术的论述也很完备,都是不可多得的医书。《新修本草》是中国最早的官修药书,其中也有用香的记载。可见,医家已把香的药用价值挖掘、开发出来,直接用于疗疾、美容、养生。这些,应是"药香同源"的佐证。

例如,《千金方》卷六专辟"面药"一节中的"澡豆方",由白芷、白术、白蔹、白茯苓、白鲜皮、白附子、羌活、川芎等19味香药组成。"且用洗手面,十日色白如雪,三十日如凝脂,神验",长期使用可"白净悦泽"。看这些香药的名称就知道其既美白又消炎,难怪直至今天还被用于中药面膜中。

很有意思的是,唐王建在《宫词》中写道:"供御香方加减频,水沉山麝每回新。内中不许相传出,已被医家写与人。"因唐代中外医药交流发展迅速,公元743年,高僧鉴真和尚率弟子东渡日本传授佛学和医学,带去了隋唐以前的医籍和乳香、龙脑香等多种药物,为中日文化医药交流作出了巨大贡献。日本丹波康赖编辑的《医心方》,也辟有"芳气方"一门,收录了隋唐时期中国的著名香疗方。

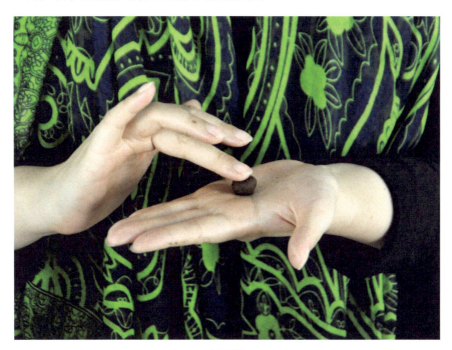

团香丸

2. 宗教用香：修持养性

中国传统两大宗教——道教和佛教在唐代都有较大发展。其他宗教如伊斯兰教等也随着国际交流传入中国。各大宗教都与香有不解之缘，修炼、供养、正念都离不开香。

在《本草纲目》中梵药以同药异名记载的植物类有 36 种，如（草部条）茅香（《金光明经》称温户罗）、香附子（《金光明经》称月萃哆）、郁金香（佛书称荼矩摩）、藿香（《金光明经》称钵恒罗香），这些都是佛教常用之香药。

佛家认为香对人的身心有直接的影响。好香不仅芬芳、使人心生欢喜，而且能助人达到沉静、空静、灵动的境界，于心旷神怡之中达于戒定，证得自性如来。而且好香的气息对人有潜移默化的熏陶，可培扶人的身心根性向正与善的方向发展。拈香供佛，是借香熏染自性清净，贴近佛菩萨本怀。在清爽芬芳的氛围中，尘世的纷扰、纠葛逐渐退去，取而代之的是身心的轻逸、持稳；凝神静观袅袅香烟，借此，人天的距离被拉近了，诸佛菩萨如现眼前，怀慰着众生的疾苦。香，可谓是凡界与圣者间的信使。修得正果、消除恶业，乃是最高的养生境界！

道教用香极其普遍。在中国传统的道教文化中，祭天、通神、避邪等道教仪式都离不开香。在长期历史进程中，道教逐渐衍生出了独特的香文化。道教香文化主要体现在道教斋醮焚香、养生修行、用香神话等方面，它的长足发展与各历史时期朝廷对道教的重视不可分离。道教香文化博大精深，蕴含着形而上的精神哲理，亘古以来，影响着人们的生活。

在道教修炼方法中，香汤沐浴类属于重要的养生修炼法之一。宋洪刍在《香谱》中记载了当时道士用白茅香、符离香等香料煮香汤沐浴这一道教仪式。《太上七晨素经》中也记载了"五香汤"，由鸡舌、青木香、零陵香、薰陆香、沉香五种香料配制而成。据道教秘传，白芷具有避邪和去三尸的作用；桃皮是桃树去掉栓皮后的树皮，因其含柚皮素、香橙素等，所以气味芳香，具有较强的健脑醒脑作用，且可以杀诸疮虫，避邪气；柏叶，则具有轻身益气、令人耐寒暑、去湿痹、止饥的作用，道教称能降真仙；零陵香，对心腹恶气、齿痛、鼻塞皆有较好的疗效，道教称零陵香能集灵圣；青木香，有升降、利吐的作用，还能清醒毛孔，促进皮下毛细血管的血液循环，使沐浴者遍体舒适。可见，说"道教修行，就是用香养生"，毫不为过。

小结：宗教用香，作为香文化传承不可或缺的重要部分，在历史长河中起着非常重要的作用。缕缕香氛，让人心生宁静、虔诚、感恩、恭敬，让人在那一刻与神圣、天地、灵性沟通，或观照自省，或顿悟事理，达到养生之最高境界——哲理养生和灵性养生。

四、宋代用香：精神上的修养

宋代是香文化的鼎盛时期。从皇宫官宦到商贾贵族，从文人雅士到黎民百姓，在这个以赵氏皇族为文雅背景的时代，香成为了宋人生活里不可或缺之物，融入了各阶层人们的饮食起居之中。

什么是香道？

1. 香学专著：养生方剂

宋代文人对香学养生的贡献在于编订了多部香学专著。香谱类，主要有沈立《香谱》、洪刍《香谱》、曾慥《香后谱》、颜博文《香史》、侯氏《萱堂香谱》《香严三昧》、叶庭珪《南蕃香录》和陈敬《陈氏香谱》等，分别归入类书、食货、谱录、杂艺、农家等类。现在存世的有洪刍《香谱》、曾慥《香后谱》和陈敬《陈氏香谱》。

归纳这些香谱，见香方的合香均取法于中医君臣佐使的组方配伍方法。大部分方剂，本着理气调中、降逆、清心醒神、燥湿驱虫、扶正祛邪、温中辟寒、回阳救逆、提神醒脑、祛风止痛、化湿解暑、辟疫等作用。例如，有理气作用的沉香、檀香、木香、香附、甘松等占方剂总数的 1/3。这些香药都有理气调中、降逆的作用。如"丁沉煎圆"云："常服调顺三焦，和养荣卫，治心胸痞满。"又如"南蕃龙涎香"云："兼可服，三两饼茶酒任下，大治心腹痛，理气宽中。"开窍药麝香、龙脑、苏合香、安息香占 20.2%。开窍药的使用使香方有提神醒脑的作用。

《香谱》中有大量的闻思香、清神香、清心香和清远香等，供文人焚于书房，借以清心醒神。如"窗前省读香"云："读书有倦意焚之，爽神不思睡。"此外，还有提神醒酒、坐禅修道、美化环境、香身利汗、熏衣避邪等方剂。《香谱》不同于药方，其安全性、保健性、养生意义更加明确。

2. 闻香闲事：陶冶性情

宋代时，把品香与斗茶、插花、挂画并称为上流社会优雅生活的"四般闲事"。所谓"闲事"就是闲情逸致，本属休闲养生的范围。在宋代这个典雅的时代，闲雅之风必然盛行。而香道、香生活，则是这般休闲雅事的较高境界。

宋以后诗文中常见"心字香"，多指形如篆字"心"的印香。杨慎《词品》："所谓心字香者，以香末萦篆成心字也。"杨万里："遂以龙涎心字香，为君兴云绕明窗。"王沂孙《龙涎香》："汛远槎风，梦深薇露，化作断魂心字。"蒋捷："何日归家洗客袍？银字筝调，心字香烧。"这"心字香"的用香方式叫"篆香"或"印香"，是一种用末香的方法。把一种或几种香粉调和在一起，在炉底铺上专用香灰，然后理灰、压灰使之平整，之后放入篆字镂空的模具，把末香填入模具，起篆，便成为一炉"篆香"。点燃时，点起一端，慢慢燃烧。

篆香，在当时使用极广。一是因为使用香粉较简单，不用合成香膏，窖藏，成丸、饼。二是因为打香篆的过程，本身就是修身养性，对人的身心颇有裨益。

篆香

3. 隔火煎香：情感养生

"但令出香不见烟"的"隔火熏香"（煎香）在宋代渐渐多用。这种形式是把燃好的炭埋在香炉的灰中，在香灰中间探火孔，放隔片（云母、银叶等），再把香丸、香饼或香材放在隔片上，减少烟气，让香味缓慢而悠长地散出。这种没有明火和烟气的熏香方法，使香味更加纯粹，舒缓绵长。文征明《焚香》"银叶莹莹宿火明，碧烟不动水沉清"，杨庭秀《焚香》"削银为叶轻如纸"、"不文不武火力均"就是隔火焚香的情景。

这种用香方式，使焚香成为品香。这标志着焚香已经从生活的附属品和修行的辅助品，开始上升为一门艺术，并以此陶冶情操。与之配套的是精美的成套香器具，以精美瓷器为主。宋代的官、哥、钧、定、汝五大名窑均烧制过仿古钟鼎精美炉具，出现了专门用于品香的闻香炉。

用精美的炉具做一炉隔火香，一边品茗，一边闻香，一边鉴赏书法、画卷，耳畔琴声悠扬，案上花枝清雅……三五知己，四般闲事，何等优雅闲适，心神俱安，达到物我两忘，将身心的修养融于艺术、情感之中的境界。

五、香集大成：合香与养生

香至明代似乎再无高峰，但两个古代收官之创举却令后人叹为观止。一是宣德年间的 3000 个铜炉器，囊括了之前自汉代以来几乎所有的器型，其做工、用料堪称绝版，这就是史上著名的"宣德炉"。二是淮海学者、香学大家周嘉胄穷其二十年之力搜集整理的香学巨著《香乘》（乘，应读为 sheng，是历史之意）。这一经典之作，囊括了各种香材的辨析、产地、特性知识，搜集整理了大量香文化史上的典故、趣闻，尤其是博采并整理了宋代以来诸香谱，留下了许多传世香方。这些香方所体现出来的合香知识、合香艺术是后代所有香学研究者和爱好者必不可缺的教材。

隔火空熏

其中体现养生价值的大致有以下几方面。

① 香方气味和谐，具有艺术性和欣赏性。

合香的要领就是调和各种香材，使之性味协调，气味和谐，而且产生调香者所需要的好香。《香乘》中收录了许多可操作性强的合香方法。如收录《颜氏香史》所归纳的原则：

"麝滋而散，挠之使匀。沉实而腴，碎之使和。檀坚而燥，揉之使腻。比起性，等其物而高下之，如医者之用药，使气味各不相掩。"

具体指出香材特点和处理方法，使后人有法可依。

又如"麝本多忌，过分则害。沉实易和，赢斤误伤。零、藿燥虚，詹糖粘湿。甘松、苏合、安息、郁金奈多、和罗之属并被珍于外国，无取于中土。又，枣膏昏蒙，甲煎浅俗，非惟助于馨烈，乃当弥增于尤疾也。"

此内容具体说明了几种主香的特点和禁忌，让配香者掌握其分量。参照这些具体的注意事项，爱香者可掌握方法，配制出自己喜欢的香品。

② 香材的整治注重其药理性。

因为这些香材合和成一味新的香品，是和其性味，所以每一味均须炮制、整理方能入香。

例如，对檀香的炮制：《御炉香》中"檀香（切片，以腊茶清浸一宿，稍焙干）"，《苏州王氏幛中香》中"檀香一两（直剉如米豆大，不可斜剉，以清茶清浸令没，过一日取出窨干，慢火炒紫）"，《苏内翰贫衙香》（沈）中"白檀四两（砍作薄片，以蜜拌之，净器内炒如干，旋入蜜，不住手搅，黑褐色止，勿焦）"。

同样是檀香，在不同的方剂里就有不同的炮制方法。其根据就是，让其药性与其他各香材性味不抵冲，体现出合和之美。这些可供后世制香者参照。

③ 细分合香的用途，重视合香的旨趣。

不同用途，会用不同剂型，有不同配制过程。例如，法和众妙香，是说各种不同的合香方法，从名称上标清楚使用地点和用途，有"宫中香"、"帐中香"、"衙香"、"湿香"、"清真香"等。显然，宫中香是宫廷使用的，帐中香是卧室使用的，清真香可在修炼时使用。

又如，凝合花香，模拟各种花的香气，用不同的香材组合，不一定有该花，但力求有该花的香味或韵味。梅香就有"梅花香"、"梅蕊香"、"梅英香"、"浓梅香"、"笑梅香"等 10 种，不知配香者能否用不同的香材配出如此多梅香，只是有趣罢了，这就是怡情之处。

香按用途又可分为"熏佩香"、"涂敷香"、"印篆香"、"口香丸"等。这些细分可以说起到了香学词典、工具书的作用。

和香膏

第三章 品香鉴香用香

一、单品香料的养生及应用

1. 沉香

传统的香料分为哪些种类?

沉香

沉香粉

沉香是一种混合了树脂和木质成分的固态凝聚物，又名"沉水香"、"水沉香"、"土沉香"等，古书写作"沉香"、"沉香木"、"上沉"、"白木香"、"海南沉香"、"女儿香"、"莞香"等。进口沉香又称"燕口香"、"蜜香"、"青桂香"等。

沉香并不是一种木材，而是由瑞香科一类特殊的树木受伤分泌树脂，又被一种真菌入侵后慢慢结出来的。结香需要数十年、上百年不等。有"生结"、"熟结"之分。油脂含量高者入水即沉，叫"沉水香"；半沉半浮的叫"栈香"；不沉水的叫"黄熟香"。

沉香主要产于亚热带、热带地区，东南亚和南亚一代。国内如海南、广东、广西等，国外如越南、柬埔寨、印尼、马来西亚等。

沉香的养生价值主要体现在两个方面。

首先是沉香的香气养生。沉香的气味很复杂，也很神秘。沉香在常温下几乎没有香气或香气很淡，因为沉香的香气分子非常稳定，不易挥发。这也是沉香能够长期保存的原因。不同产区、不同品级、不同温度所释放的香气都不完全相同。即便是同一款香，在加温时也会出现头香（前调）、中香（中调）、尾香（后调），如清凉、辛麻、药香、花香、奶香、梅香、焦香等复合气味。不同的人、不同的时间，感知也不一样。但沉香出香时穿透力很强，附着力也很强，很远就能闻到，并且在鼻息、衣服、皮肤上留香长久。

沉香的这种复杂而有韵味的香气，会给人一种缥缈和神秘感，使人的嗅觉主动追踪、寻觅，会使人沉静、安心、舒缓，并且回味无穷。

同时，沉香也具备温补的药用养生之用。沉香自古入药，在中医、藏医、印度医学中入药已有几千年的历史。中医称沉香性温和，味辛、苦，可入肾经、脾经、胃经。《本草纲目》记载其"治上热下寒，气逆喘息，大肠虚闭，小便气淋，男子精冷"等。《本草备要》也记载其"能下气而坠痰涎，能降亦能升"。又解释说，沉香暖精助阳，行气不伤气，温中不助火，可见其药性温和。如今沉香在中药、成药中也常常用到。

《中国药典》2010年版记载："（沉香）【功能与主治】：行气止痛，温中止呕，纳气平喘。用于胸腹胀闷疼痛，胃寒呕吐呃逆，肾虚气逆喘急等症。【用法与用量】：1.5～4.5g，入煎剂宜后下。"据统计，沉香在200多个处方中使用，与其他中药配伍，对胃、心、肾、肺方面疾病有较好疗效。

沉香养生选购：

沉香结香不易，香气神秘而高雅，又有极高的药用和保健价值，所以，自古以来就是"众香之首"，被称为"香中之冠"、"香中阁老"等，其价值也自古就有"一片万钱"之说。近年来，由于经过上千年的采伐，国内和越南天然沉香已日趋减少、几乎殆尽，因此市场价格十分高昂。

使用沉香养生，不必选用级别过高的收藏品级。高品级沉香和低品级沉香在药用价值上相差不多，但是价格相差巨大，购买时需要谨慎。对香味有特别需求的除外。

多选用黑油的生结（从活树体内直接获得）沉香，年头无须太长。

由于沉香天然结香不易，市场需求量剧增，早在宋代，就有人工种植沉香树了。近年来，在越南、海南都有人种植风树，并人为施加外力，采用钻孔、火烧、插管子等方式试图工业化量产；我国台湾、广东也有大面积种植，有的已开始产香。采用人工方式结香需要 8 ~ 10 年，无论是油脂含量、质量还是香味品级，人工种植沉香都远逊于野生沉香，但是无化学添加手段的人工种植沉香也具有一定的保健、养生功效。

沉香养生实例：

① 焚熏沉香可以减压、祛躁、静心、助眠，适合于压力过高、失眠严重、心脏不好的亚健康人群。

② 将野生生结沉香直接煮水饮用可以养胃，和胃气，升脾气，性温而不燥，善行而不泄，适合于脾胃不调、食欲不振、消化不良的人群。

③ 男子品闻沉香，煎沉香水饮用，具有壮阳、补气的功效。

④《圣济总录》中记载了用沉香汤治疗心腹痛的方法：沉香、鸡舌香各 50 克，薰陆香 25 克研磨，麝香一分（研去筋膜）。四种香药捣为细末，每服 15 克，水一中盏，煎至七分，去除渣滓，饭后温服。

⑤ 宋代《卫生家宝》中记载了用沉香四磨汤治疗胃病："治冷气攻冲、心腹疠痛、脾胃素弱、食欲易伤、呕逆冷痰、精神不清，可用沉香、木香、槟榔、乌药。上用水八分盏，分作四处，以乳钵内，逐一件药，徐徐磨之，磨得水浓为度，然后四者合而为一，再用慢火煎至六分已上，通口服之"。将沉香、木香、槟榔、乌药四种药材磨碎煎汤可治胃寒、腹痛、食欲不振、呕吐等胃病。

2. 檀香

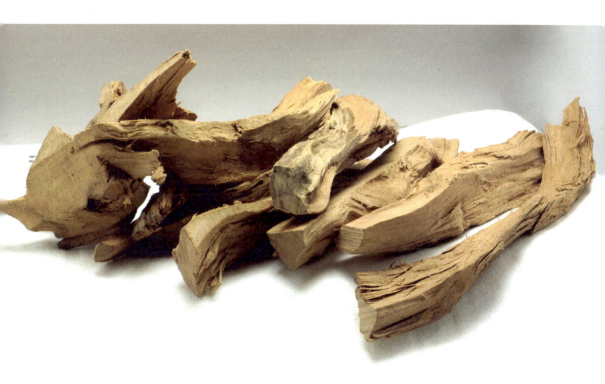

檀香

檀香粉

檀香又名旃檀,是名贵、珍稀植物,属檀香科檀香属之常绿乔木。原产印度、澳大利亚和印尼。木材本身就有香气,根材和芯材油脂含量高,气味和药性更好。其中以产自印度的老山檀为香之上品。印度檀香木的特点是色白偏黄，油性大，散发的香味恒久。而澳大利亚、印尼等地所产檀香其质地、色泽、香度均稍逊色。檀香有"香料之王"、"绿色黄金"的美誉。

檀香历来为医家所重视。性味：辛，温。归经：入脾、胃、心、肺经。行气温中，开胃止痛。熏烧可杀菌消毒，驱瘟避疫，有去邪、静心、杀菌、防霉、防虫、防蛀的作用。具有安抚神经、辅助冥思、提神醒脑之功效。

檀香养生选购：

印度老山檀香的香气最为纯正柔和，品香是上品，药性也较佳。另外市场中常见的是东加檀香和澳洲檀香，这两种檀香价格要远低于印度老山檀香，香气也次之。

檀香养生实例：

①常将檀香制成木粉、木条、木块等或提炼成檀香精油，用于涂抹可以起到消炎止痛的作用。

②在室内熏闻檀香可以起到去燥热、静心、提神的作用，另外长期使用，具有美容的效果。

③檀香与其他香料合和，具有提升其他香料香气效果的作用，称为"引芳香之物上至极高之分"。

3. 降真香

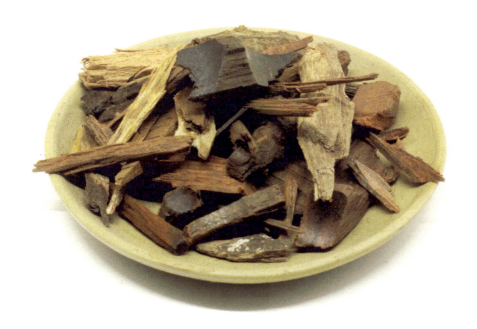

降真香

降真香又称紫藤香、鸡骨香。野生降真香是一种多年生的木质藤本植物受伤后分泌油脂修复伤口所结的香料，其藤宋代叫吉钩藤，亦名乌理藤、美龙藤。

藤本降真攀树生长以争取

阳光或在山谷近水山坡环境下生长，遇自然灾害如雷击、风折、虫蛀，或受到人为破坏以后受到真菌的感染，在自我修复的过程中分泌出的紫红色油脂凝结成分泌物。当累积的油脂浓度达到一定程度时，将此部分取下，就是降真香。

降真香的特征为质地坚硬，颜色带绛紫、紫红、黄色调，其味辛、苦辣略带麻，部分带甜味或者花草香味，整体味道清烈。油脂极易燃，燃烧时可见到黑红色油脂在沸腾。在燃烧前油脂本身大部分没有香味，极个别香味浓郁舒服，具有穿透力。

降真香含香量极高，烧之能闻到沁人心脾的香味，拌合诸香味道更佳。清代吴仪洛所撰《本草丛新》中记述"烧之能降诸真，故名'降真香'"。

降真香养生选购：

降真香的油脂主要集中在受伤的地方，一般在藤的丫杈部位、受伤感染部分、创口部位都易于结集油脂，而且油脂丰富，香气清烈，因此选购时以油脂丰富者为佳。

降真香主要产于中国海南省、越南、柬埔寨、老挝、泰国、马来西亚、新加坡、印度尼西亚群岛等东南亚地区的原始森林中，其中以海南所产最为名贵，品质最佳。

海南降真香与黄花梨不同，由于当代藤本降香较少，常用海南黄花梨根材、芯材替代物作为焚香提香之用。黄花梨的香气有降香味，其学名为降香黄檀，与降真香有所不同，且药用价值不及降真香，购买时须注意。

降真香养生实例：

① 品闻降真香香气，对肝、脾、肺、心都有保健效果，最为明显的是具有理气的作用。

② 涂抹降真香的油脂具有活血、化瘀的效果。

4. 丁香与丁皮

丁香

丁香为桃金娘科丁子香属植物,以花蕾和果实入药,花蕾为公丁香,果实为母丁香。亦名丁子香、鸡舌香。丁皮,为丁香树的树皮。

出产丁香的地区主要有印度尼西亚、桑给巴尔、马达加斯加岛、印度、巴基斯坦和斯里兰卡。2005 年,印度尼西亚生产的丁香约占世界总产量的 80%。

丁香的药性:辛、温,可归肺、脾、胃、肾经,具有温中、暖肾、降逆的效果。

丁皮的药性;性温,可归脾、胃经,具有散寒理气;止痛止泻的作用,主治中寒脘腹痛、胀泄露泻、齿痛。

丁香养生选购：

　　药用（香用）丁香与观赏丁香花不同，分布在北方各地的观赏丁香花虽有香气，但不入药和香。购买时须有所区分。

丁香养生实例：

① 清洗干净后的丁香可直接含在口中，具有去除口臭的效果。

② 将丁香用做合香配料，可以治疗心、腹的冷气、逆气。

5. 藿香与广藿香

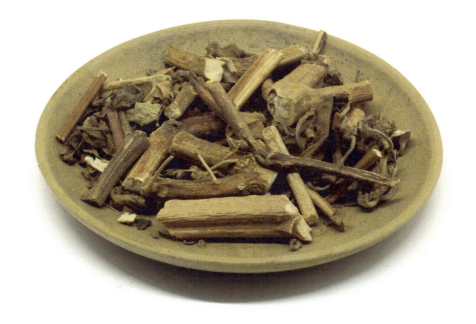

藿香与广藿香

藿香为唇形科植物广藿香的地上部分，是一种常用的香料。藿香的原产地为菲律宾、东南亚等地，现我国的广东、四川、江苏、浙江、湖南均有栽培。藿香喜高温、阳光充足的环境，喜欢生长在湿润、多雨的地方。中医认为藿香性味辛，微温，归脾、胃、肺经，主治快气，和中，辟秽，祛湿。

藿香养生选购：

<u>一般认为广东所产的藿香是品质最佳的品种。选购时以茎枝青绿、叶多、香浓者为佳。</u>

藿香养生实例：

① 将藿香洗净后煎汤噙漱，可治疗口臭。

② 将藿香碾碎涂在牙龈上，可治疗牙龈出血、溃烂。

③ 夏天服用藿香水，可治疗中暑、腹泻、呕吐。

④ 将藿香碾碎外敷，可治疗刀伤、痤疮。

6. 甘松香

甘松香

甘松香，在《金光明经》中称苦弥哆香，主要分布于甘肃、内蒙古、青海、四川、贵州、云南西北部、西藏。

甘松香的香气特异，辛，有清凉感。其味辛、甘性温，可归脾、胃经，具有理气止痛、醒脾健胃的功效。

甘松香养生实例：

① 将甘松香碾碎内服，可治疗腹胀。
② 沐浴时，在热水中放入甘松香，具有香身、祛晦的作用。

7. 零陵香

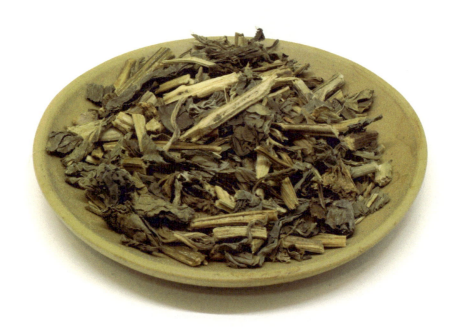

零陵香

零陵香因生于零陵山谷（今湖南永州）而得名，古香方中又称薰草、蕙草、香草、燕草、黄零草等。其性味辛甘，温，归肺经，具有祛风寒、辟秽浊的功用。

零陵香主要产于我国广西和湖南，另外在广东、云南、贵州也有零星分布。

零陵香的香味可使人精神放松，缓解肌肉紧张，同时还具有调节心情、使人愉悦的作用。

零陵香养生选购：

在选购零陵香时，最好选择外部干燥、无泥沙、香气浓郁的。另外，尤其要注意的是零陵香具有堕胎、避孕的效果，因此，孕妇切勿购买或使用。

零陵香养生实例：

① 使用零陵香所提炼的精油按摩，可以缓解疲劳，消除紧张。
② 用零陵香煎水服用，对伤寒、感冒、风热具有一定的治疗效果。

8. 木香

木香

木香,是菊科植物云木香和川木香的通称,也指菊科植物木香的根。木香分布在中国四川、云南、西藏等地,多生长在高山草地和灌丛中,为野生植物,尚未由人工引种栽培。

木香呈圆柱形或半圆柱形,表面黄棕色至灰褐色,有明显的皱纹、纵沟及侧根痕。质坚,不易折断,断面灰褐色至暗褐色,周边灰黄色或浅棕黄色,形成层环棕色,有放射状纹理及散在的褐色点状油室。木香气味芳香浓烈而特异,味先甜后苦,稍稍刺舌。

在中医中,木香具备理气、温里、行气止痛、调中导滞等功效。

木香养生选购：

在购买木香时，因注意购买不含杂质、纯净的木香，并选择干燥、厚实的香体。

木香养生实例：

① 将木香入汤和入水，具有调节肠胃滞气的作用，同时对腹胀、腹痛有治疗效果。

② 木香煮水后的提取液，具有抗菌的效果，可以用来杀菌、驱虫。

9. 苏合香

苏合香

苏合香，又名帝膏、苏合油、苏合香油，为金缕梅科植物苏合树所分泌的树脂，因产地得名。《本草纲目》记载："此香出苏合国，因以名之。"苏合香是苏合树干渗出的香树脂，也可用人工萃取，有特异的芳香气，其味淡，微辛。苏合香主产于非洲、印度及土耳其等地。中国广西有栽培。中医认为其可开窍辟秽，豁痰止痛。

苏合香养生选购：

选购时以香体黏稠、含油足、半透明、气香浓者为佳。

苏合香养生实例：

① 将苏合香溶于酒精后，涂抹于身上，可治疗冻疮。

② 睡前熏闻苏合香，具有助睡眠，去除梦魇的作用。

③ 用苏合香做成合香丸服用，具有治疗中风、神志不清的作用。

10. 龙脑香

龙脑香

龙脑香也叫冰片、片脑、羯婆罗、婆律香等，是龙脑香科植物龙脑香树的树脂凝结形成的一种白色结晶体。

龙脑香是龙脑香树的树脂，一般从龙脑香树干的裂缝处提取，采集干燥的树脂，进行加工，或砍下树干及树枝，切成碎片，经水蒸气蒸馏升华，冷却后即成结晶。

龙脑（冰片）气清烈，常用于合香，是合香中极好的发香剂。芳香走窜，主入心经，为开窍要药。具有开窍醒神、散热止痛、明目祛翳的功效。

龙脑香养生选购：

龙脑香中，形状大而整齐、香气浓郁、无杂质的品质最佳。

龙脑香养生实例：

① 将龙脑香末碾碎，每天点眼 3～5 次，可治疗目翳。

② 用卷纸将龙脑香末卷成捻子，燃烧，熏闻，对风热、头脑疼痛有治疗效果。

③ 用少许龙脑香擦牙，可治疗牙齿疼痛。

④ 龙脑香少许，加入葱汁化匀涂搽患处，可治疗内外痔疮。

11. 乳香

乳香

乳香，本名薰陆，别名薰陆香、马尾香、乳头香、塌香、天泽香、摩勒香、多伽罗香等，为橄榄科常绿乔木的凝固树脂。

在古代，乳香身价堪比黄金，古埃及人在很早以前就懂得用乳香制作面膜以保持青春。《圣经》中记载：东方三博士特别挑选乳香作为礼物，送给刚诞生的耶稣，表示对他的敬畏和虔诚之心，因而乳香又被称为"基督的眼泪"。

乳香树的树干在切出深的刻痕后，流出来的树胶和树脂会凝固成乳状含蜡的颗粒物质，这些形似泪珠的颗粒，即是乳香。

乳香有温馨清纯的木质香气，又透出淡淡的果香，可让人呼吸加深变慢，使人心情好转且平和，有助于缓解焦虑及执迷过往的精神状态。

乳香养生选购：

乳香以淡黄色、颗粒状、半透明的品质为佳，其中应选择无砂石和树皮等杂质、粉末较为黏手、气味芳香、浓度较高的。须注意：孕妇不能使用。

乳香养生实例：

① 将乳香碾磨煮水后，男、女分别配上姜汤和当归汤喝下，可治疗急性心痛。

② 乳香可提取纯露，涂抹于皮肤上，具有保养皮肤的效果，同时也具有活血、消肿的效果。

12. 安息香

安息香

安息香是安息香科植物安息香树的树脂，是一种灰白色与黄褐色相间的块状物，含有大量的芳香物质。

安息香树现主要产于印度尼西亚的爪哇、苏门答腊及泰国，其中以苏门答腊的安息香较为优秀。越南安息香树产于越南、老挝、泰国及中国云南思茅、广西等地。

安息香为安息香科植物干燥树脂，为不规则的小块，稍扁平，常粘结成团块。表面橙黄色，具蜡样光泽（自然出脂）；或为不规则的圆柱状、扁平块状，表面灰白色至淡黄白色（人工割脂），加热则软化熔融。

安息香的气味奶香十足，带有浓郁甜味，味微辛，嚼之有砂粒感。

安息香养生选购：

安息香有紫、黑、黄相间的颜色，其中研磨之后呈现白色，质地通透的品质最好。在购买时应挑选杂质（通常为砂石、树皮）较少、大块、完整的安息香。

安息香养生实例：

① 将安息香置于热水中后吸入其蒸气，可以刺激呼吸道黏膜分泌，能辅助治疗支气管炎，并促进痰液的排出，但应避免蒸气浓度过高。

② 安息香具有防腐的作用。

③ 将安息香碾磨后，用开水送服，具有治疗心痛的作用。

13. 豆蔻

豆蔻

豆蔻又名白豆蔻、圆豆蔻、原豆蔻、扣米,为豆蔻树果实内部坚硬的内果皮。豆蔻原产于印度尼西亚,我国的海南、云南、广西也有栽培。

豆蔻气味苦香,味道辛凉、微苦。

豆蔻养生实例:

将豆蔻研为细末,以温水送服,每日两次,可治疗寒性霍乱。

14. 艾草

艾草

　　艾草又称遏草、香艾、艾蒿、艾、灸草、艾绒等，是一种民间常用的香草。

　　艾草是多年生草本或略呈半灌木状植物，植株有浓烈香气。在中医中，艾草是治疗、保健作用非常大的一味香药，具有苦燥辛散、理气血、温经脉、逐寒湿、止冷痛等作用。

　　艾草也是一种很好的食物，民间通过食用艾草，起到独特的作用。在中国南方传统食品中，有一种糍粑就是用艾草作为主要原料做成的。

　　艾草的实用性高，价格也很便宜，选购时没有太多的忌讳。

艾草养生实例：

① 在夏季，将艾草放入浴水中，进行"艾浴"，具有温经、去湿、散寒、止血、消炎、平喘、止咳、安胎、抗过敏等作用。

② 艾蒿具有特殊的馨香味，将其做成馨香枕头，具有安眠、助睡、解乏的功效。

③ 将干燥的艾草点燃，熏、烫人体上的穴道，可补中气、除湿气，中医认为其具有治疗百病的保健效用。

④ 艾草还可以直接悬挂于室内，具有驱蚊、除虫的作用。

15. 白芷

白芷

白芷又名芷、芳香、苻蓠、泽芬、晼、白茝、香白芷。香品用白芷为伞形科植物杭白芷和祁白芷的根。栽培于江苏、安徽、浙江、江西、湖北、湖南、四川等地。

白芷是中国古老的香药之一,早在尧、舜、禹时期,先民就将蕙兰和白芷串纫成一对,称为"蕙芷"。屈原《楚辞七谏沉江》:"不顾地以贪名兮,心怫郁而内伤;联蕙芷以为佩兮,过鲍肆而失香。"其中的"芷"指的就是白芷。

白芷具有祛风、燥湿、消肿、止痛的作用。

白芷养生选购：

买家在购买时应直接选择商家、药铺炮制好的白芷。

白芷养生实例：

① 白芷和米汤、蜂蜜一起食用，可治疗便秘。

② 白芷碾磨成粉，直接从鼻中少量吸入，具有治疗头疼、牙疼的效果。

③ 白芷捣烂后可用于伤口消炎。

16. 细辛

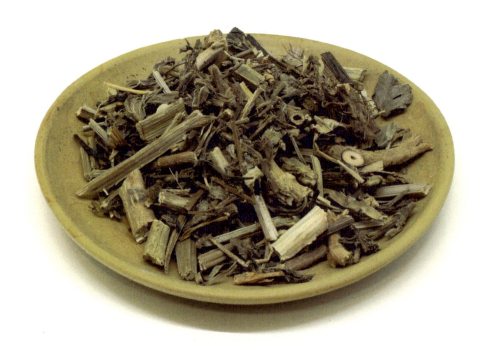

细辛

细辛又名华细辛、小辛、少辛、盆草细辛等,主要分布于辽宁、山西、陕西、山东、安徽、浙江、江西、河南、湖北、四川等地。细辛气辛香,味辛辣、有麻舌感。

细辛养生实例:

① 细辛煮粥食用,具有温肺、止咳、化痰的效果。
② 将细辛热煮汁液含于口中,具有治疗口臭、牙龈红肿的效用。

17. 迷迭香

迷迭香

迷迭香为唇形科植物迷迭香的全草，原产于欧洲及非洲地中海沿岸。

迷迭香的香气清甜，带松木香，香味浓郁，甜中带有苦味。其有镇静、安神、醒脑作用，是一种名贵的天然香料植物。迷迭香对消化不良和胃痛均有一定疗效。

迷迭香粉

孕妇忌用迷迭香。

迷迭香养生实例：

① 将迷迭香捣碎后，用开水浸泡后饮用，可起到镇静、利尿作用，也可用于治疗失眠、心悸、头痛、消化不良等多种疾病。

② 迷迭香汁液外敷，对关节炎有一定效果。

③ 食用迷迭香有较强的收敛作用，可调理油腻的肌肤，促进血液循环，刺激毛发再生，改善脱发现象。

18. 龙涎香

龙涎香

龙涎香为抹香鲸科动物抹香鲸的肠内分泌物的干燥品。

深海中抹香鲸吞食乌贼鱼后颚片和内骨骼后难以消化,通常会残留在胃中。固体物质进入抹香鲸的肠道并随着肠道的蠕动进入直肠,与粪便混合并使粪便结成半固体状,在抹香鲸的肠道中经过细菌和各种酶的复杂加工,最终形成粪便结石,排出体外或抹香鲸被杀取出,就是龙涎香。排入海中的龙涎香起初为浅黑色,在海水的作用下,渐渐地变为灰色、浅灰色,最后成为白色。

龙涎香有其独特的甘甜土质香味(一年以后)。龙涎香历史上主要用做合香的固烟凝烟剂，也用做香水的定香剂。

龙涎香养生选购：

龙涎香在古代是高价奢侈品，现在它已经大部分为化学合成物取代。不建议随意购买使用。孕妇不建议使用。

龙涎香养生实例：

品闻龙涎香具有活血利气，开窍化痰的作用。

19. 麝香

麝香

麝香又名当门子、脐香、香脐子等，是雄麝鹿的生殖腺分泌物。

主产区在中国西南、西北部高原和北印度、尼泊尔、西伯利亚寒冷地带。

鹿科动物麝的雄性在发情期，生殖器与肚脐之间会形成一个香腺囊。麝在3岁以后产香最多，每年8～9月为泌香盛期，10月至翌年2月泌香较少。取香分猎麝取香和活麝取香两种。猎麝取香是捕到野生成年雄麝后，将腺囊连皮割下，将毛剪短，阴干，习称"毛壳麝香"、"毛香"；剖开香囊，除去囊壳，习称"麝香仁"。活麝取香是在人工饲养条件下进行的。

取香后，除去杂质，放在干燥器内，干后，置棕色密闭的小玻璃器里保存，防止受潮发霉。

麝香干燥后呈颗粒状或块状，有特殊的香气，有苦味，可以制成香料，也可以入药。麝香固态时具有强烈的恶臭，用水稀释后有独特的动物香气。

麝香在中国使用有悠久历史。古代文人、诗人、画家用少许麝香制成"麝墨"写字、作画，芳香清幽，若将字画封妥，可长期保存，防腐防蛀。

在西方香水制造中，麝香能为香水提供完美的基调，麝香也是配制高级香精的重要原料。在合香中，麝香经常用到，但量很小。

麝香可开窍醒神、活血通经、消肿止痛，并有极强的活血化淤功效。

麝香养生选购：

<u>天然野生麝香的价格很高，目前市面上多为合成麝香，不建议直接购买。特别要注意的是孕妇禁用，也禁止嗅闻。</u>

麝香养生实例：

<u>① 少量麝香可作为品香之香引使用。</u>
② 麝香的使用须遵医嘱。

20. 灵猫香

灵猫香

灵猫香又名灵猫阴（《本草拾遗》），为灵猫科动物大灵猫香腺囊中的分泌物。

大灵猫在我国分布较广，北自陕西秦岭，南至广东和海南岛，东达江苏、浙江，西至四川、云南等地。现在的灵猫香，多为养殖灵猫所取。

采香时将灵猫缚住，用角制小匙插入会阴部的香腺囊中，刮出浓厚的液状分泌物，即灵猫香。其气香，近嗅带尿臭，远嗅则类麝香；味苦。以气浓、白色或淡黄色、匀布纸上无粒块者为佳。

灵猫香养生实例：

做合香使用可治心腹卒痛、疝痛。

21. 甲香

甲香

　　甲香，又名水云母、海月、催生子(《中药志》),多产于广东、福建等沿海地区。甲香为蝾螺科动物蝾螺或其近缘动物的掩厣。内面略平坦，显螺旋纹，有时附有棕色薄膜状物质；外面隆起，有显著或不显著的螺旋状隆脊，凹陷处密被小点状突起。质坚硬而重，断面不平滑。气微，味咸。

　　甲香味咸，性平，归肾经，主治脘腹痛、痢疾、淋病、痔瘘、疥癣。甲香须炮制方出香。炮制方法有：

① 用生茅香、皂角二味煮半日，捞出，于石臼中捣碎，用马尾筛筛过，

方能使用。

②先用黄土泥水煮一日，以温水泡洗过，再用淘米水或木灰汁煮一日；或过后用蜜酒煮一日，再泡洗，焙干备用。

炮制后的甲香多用于合香，不单用。

甲香养生选购：

纯天然动物类香，一般入药或合香。目前，多为人工养殖取香，也属天然香。但有些人工合成的，做合香则不可取。

甲香多用于合香，具有提升主香、配合香气的作用。

二、合和香方的养生及应用

1. 古之和配之香

自古以来，香料或香药多通过配伍和合和成复方香品使用。因为仅使用某种香材其韵味和养生作用较单一，而且长期单味使用也容易起副作用。合和而成的香品，其气味和养生作用更全面和协调。

玩香一定要用沉香吗？

2. 合香养生实例

【四季养生香方】

① 春季香方：

檀香3g 丁香3g 甘松3g 零陵香2g 菖蒲2g 白芷1g 细辛1g 龙脑香（冰片）0.5g

本款适合春季使用。可醒脑提神，防春困；升发排毒，防流感；对抗雾霾空气，保持清新芳香小环境，令人心情舒畅。

② 夏季香方：

檀香3g 丁香3g 甘松3g 零陵香1.5g 藿香1.5g 牡丹皮1.5g 薄荷1.5g 茴香（微炒）0.5g 龙脑0.5g

本款适合夏季使用，清香醒神，除汗味，令体香、衣香。

③ 秋季香方：

沉香3g 白檀3g 木香2g 白芷2g 桂皮2g 泽兰1.5g 金银花1.5g 菊花1.5g 龙脑少许

本款解秋燥，润肺。

④ 冬季香方：

沉香5g 降真香3g 丁香3g 安息香2g 乳香2g 白梅2g 薰衣草2g 龙

脑少许

此款以冬藏、养神为主。

注：四季香方参考《陈氏香谱》、《当代中药外治》等古今验方并经过配制使用后推荐。孕妇和少儿忌用。每味香均为粉状，可在中药店买到并打碎。自己在瓷质器皿中调和。用法如下。

① 装香囊佩戴：每5g装一袋，内袋用无纺布或白棉布封好，装入自己喜欢的香囊中。可佩于胸前，装衣服口袋中；做包饰，装包中；挂车里，放在车后座等。

② 做成香牌：加蜂蜜适量，加榆皮粉或楠木粉（香方总重量30%），和成香泥（放瓷器中醒12小时最好），用模具拓成香牌。可做饰品、挂件，随身携带。

③ 做成香珠：加蜂蜜适量，加榆皮粉或楠木粉（香方总重量30%），和成香泥（放瓷器中醒12小时最好），用手或借用工具团成珠子，待半干时穿孔，窨干。串成手串、念珠皆可。

【宣和御制香】

沉香七钱（剉如豆大），檀香三钱（剉如麻豆大，炒黄色），金颜香二钱（另研），背阴草（不近土者，如无则用浮萍）和朱砂各二钱半，龙脑一钱（另研），麝香（另研）和丁香各半钱，甲香一钱（制）。又用皂儿白水浸软，以定碗一只慢火熬令极软，合香得所，次入金颜脑麝研匀，用香拓印，以朱砂为衣，置入不见风日处窨干，烧如常法。

本合香品用了9味纯天然香药，配方精确，步骤严谨，后为宋徽宗赵佶钦定香方。据记载，徽宗在朝事和书画之余，常到御香房亲制此香，并常以此香赏赐近臣，为宣和年间众朝臣邀赏之佳品，历代以来为制香家所推崇。

【丁晋公清真香】

歌曰：四两玄参二两松，麝香半分蜜和同，圆如弹子金炉爇，还似千花喷晓风。

又清室香减去玄参三两。

此合香以歌谣的方式轻松处方,想必合起来简便,而且味道如"千花喷晓风"——甜美清爽。

【雪中春信】

檀香半两,栈香一两二钱,丁香皮一两二钱,樟脑一两二钱,麝香一钱,杉木炭二两。

研为末,炼蜜和匀,焚、窖如常法。

此"雪中春信"配方还有沈、武两款配方,各有区别。苏东坡当年曾常配一款。

【梅萼衣香(补)】

丁香二钱,零陵香一钱,檀香一钱,舶上茴香五分(微炒),木香五分,甘松一钱半,白芷一钱半,脑、麝各少许。

又同剉,侯梅花盛开时,晴明无风雨,与黄昏前择未开含蕊者,以红线系定,至清晨日未出时,连梅蒂摘下,将前药同拌阴干,以纸裹贮纱囊佩之,旖旎可爱。

此款香囊配制程序,听来就可爱。香药不甚烦琐,尤其冬日摘梅一段,江南女子巧手选花、倚梅浅笑似乎都历历在目了。想必这样配出的纱囊妙极、美极,心意无限。

以上仅为古法合香示例。单就《香乘》中"法和众妙香"、"凝合花香"、"熏佩之香"、"涂傅之香"、"印篆诸香"、"五方真气香"等就有近千个合香方。《千金方》、《本草纲目》等医药著作中又有不计其数的香药方剂。这些都是古代已有,并且随时可以配制的香品。

第四章 当代用香养生及应用

一、香品的养生之法

1. 简便易行燃线香

线香,是最常见、最方便使用的一种焚香方式,因其形状为直线型而得名。还可细分为竖直燃烧的"立香"、横倒燃烧的"卧香"、带竹木芯的"签香"等。

《本草纲目》中记载:"今人合香之法甚多,唯线香可入疮科用。其料加减不等,大抵多用白芷、芎藭、独活、甘松、三奈、丁香、藿香、藁本、高良姜、角茴香、连乔、大黄、黄芩、柏木之类为末,以榆皮面作糊和剂,以成线香,成条如线也。"其中不仅明确指出"线香"可以疗疮,而且描述了其配方和制法。

当代线香多采用机器加工。机器加工的线香,精细、坚实、便携。养生用线香,必须使用纯天然香料,磨成150目以上的细粉,然后配比合成或单方,加天然黏合剂(如榆皮粉、楠木粉等)经过机器一次成形,然后再阴干或晾晒成为成品香。

养生线香按香型和配方可分为单方线香、合成线香等。单方线香,如沉香、檀香;合成线香,如药香、藏香等。

使用线香的第一步是挑选线香。挑选线香首先要认准纯天然香。当今市场上的线香,配方不一,名称混乱。选择纯天然线香,须掌握以下知识,采用多种手段。

纯天然线香的特点有:线条均匀,光泽自然,无刺鼻异味,点燃烟色浅淡,留香灰一厘米以上,香灰松散、色淡、不烫手,香氛馥郁,有大自然之气等。

挑选步骤是一看二嗅三点燃。

看外观：打开线香包装（盒或管），取出一支，放于眼前，看颜色是否自然，是否经过染色，有没有特别坚硬的感觉。

闻气味：纯天然线香在没有点燃时通常没有明显的香味散发出来，尤其是单方沉香、檀香，药香和藏香会有淡淡的药香气，不会有浓烈、刺鼻、辣眼的气味。

点燃：纯天然香在点燃后30秒内观察，烟色浅灰白、细腻、缭绕。香味醇正自然，除稍有木质味外，不会有刺鼻感。烟灰自然留在香头，疏松不结团，用手碾碎，细腻、滑爽，没有异物感，不烫手（证明没有添加香精和助燃剂）。

其次要根据用途来选香。不同配方的线香有不同的用途，给人带来的养生作用是不同的。

纯天然沉香和檀香，其气味和养生功能是不同的，日常生活中使用场合也不同。

沉香线香，无论由哪个产区的香粉制成，气味都清雅、飘逸，穿透性和附着力强。因沉香醇的作用，其养生意义在于减压、祛躁、静心、助眠，在品茗、聊天、安睡、旅行时都可以使用。而纯天然檀香线香，气味醇厚、浓郁、包容、执著、通灵。其杀菌、去异味、醒脑提神、凝思作用大于沉香。所以，可用于办公、创作、读经、礼佛、修炼等。

多种香料合成的线香其养生作用更突出。有的以美化环境、芳香避秽为主，香气清新明快，多适用于公共空间；有的以陶冶情致、修炼打坐、供养祭祀为主，香气典雅，安神开窍，可辅助修炼者达到入静和正定；有的以养生祛病、通经疏络为主，香药配方因人而异，香气中会有淡淡的中药气。

而挑选线香的标准因人而异，因时而动。因为不同配方的线香，适用于不同的人或不同的时间。

2、修身养性打篆香

篆香，古称"印香"、"拓香"，是一种直接熏染香粉的方法。当代打篆香，应讲究过程中的养心、静气、减压、祛躁、悦目。当代香器具的丰富多样，使得打篆香更具有趣味和寓意。材质不同的炉具，如瓷质、铜质、银质、陶质等，配以不同形式的"香印"，打出一炉香，有不同的意境，也更具养生意义。

大自然中打香篆

下面介绍篆香养生具体方法。

① 依心情选炉具。心情沉闷时，可选颜色较浅的瓷质炉具，如龙泉粉青、德化白瓷等，香篆可选花形、祥云形、如意形等，首先在视觉色彩和形状上让自己静下来。修炼雅致与增添生活情趣时，宜选用深色、

铜质或陶质香具,选择形式较为复杂的寿字篆、八卦篆等。

入静:放慢呼吸,平心静气

②慢理香灰去杂念。理灰要慢,不只是为理松香灰,更重要的是通过梳理香灰的过程,梳理自己纷乱的思绪,疏通内心烦躁、心结。养生篆香理灰过程应在 2 分钟以上。

程序如下:由内而外、由外而内顺时针各一遍;由深而浅、由浅而深各一遍;整理平面,使之没有过深痕迹两遍。如此六遍,取和顺之意。

理灰:理顺心情

③压平炉灰抚心事。用香押压灰,顺时针慢慢压紧实、压平。这一步,需要平心静气,气沉丹田,均匀呼吸,坐正放松。压灰的过程也是抚平自己心事的过程,使一切烦恼和心结在这一刻平息,告诉自己,一切过往"应是水中月,波定还自圆"。慢慢把一炉香灰压得平整如纸,光滑细腻。此刻,也心安当下。

压灰:抚平心事

④清理炉边寡欲望。用羽扫轻轻把炉边的浮灰扫进香炉。器洁,心清,欲寡。

抚灰:清理杂念

⑤ 填香入宫思美好。放香篆（香拓）于平整的香灰之上，用香勺从香罐（香盒）中取香粉填入香拓镂空处，用香铲轻轻把香粉均匀填平。静心侍弄，香氛淡淡入鼻，犹如将美好的情绪填到自己心中，将美好的愿望填于自己的思绪中。

填香：添美好

⑥ 起篆赏香悦心神。小心翼翼地提起香篆，不要惊动了嵌入胸中的美好。当一朵莲花、一个福字、一枚心印跃然炉中时，一切寓意与祝福、祈愿与安抚，在这一刻完成。

起篆：思美好

⑦ 燃香观篆正思维。使用防风火机或一段线香点燃打好的香篆。篆印慢慢燃烧，闻馨香缕缕升起。这时，请深深呼吸，闭目体会那令人神清气爽的丝丝香氛。芳香养鼻，芳香解郁，此时定然"宠辱皆忘，其喜洋洋"。微微睁眼，观烟形缭绕，烟脉连绵，顿悟：虽人生曲折，但终会向上、向前。

燃篆：点燃正能量

篆香养生注意事项如下。

首先，依自己的熟练程度选取香篆。初学者不宜选形式过于复杂的香篆，以免打不好而影响心情。目前有一种"傻瓜篆"，篆的大小与炉的大小相同，可以防止在起篆时晃动而造成花形散乱。其次，注意香粉质地要细腻，太粗的香粉不容易成形和紧实，燃烧时易断。尤其应注意的是，香粉最好是合香而非单一香方，合香配比可以季节养生为目的，也可以满足生活环境需求。主香为沉、檀香粉，辅香为花、草香，可使沉香更有韵味，使檀香趋于平和。

3. 启智开悟品煎香

当代众多人认为，隔火熏香是真正意义上的"香道"形式。这源于日本叫法。另外，闻香的方式也模仿日式品香方法。实际上这种用香方式，在我国唐宋时期就存在了。只不过当时隔火香多是把香饼、香丸放置在炭火上边，烤出香气。品闻那些合和而成的香饼、香丸，其实根本不用"以手护炉，放置鼻端，转头吐气"，而是放置于桌案中间，香气四溢，共品一炉馨香；或"红袖在侧，秘语谈私，执手拥炉，焚以熏心热意"，即所谓红袖添香。

什么是香艺表演？

当代人们做隔火香，多用品级较高的沉香香材，品其不断变换的香韵。做隔火熏香的方法和步骤如下。

选择炉具、香灰、香炭、香材：炉具应雅致精美而不华丽；香灰应细腻而无异味；香炭应无异味，大小依品香时间确定；当代品香多用高品级沉香。

燃炭：用专用火机点炭，并使其充分燃烧。

赏篆观烟品香芬

理灰、做炭屋：理松香灰并在中间部位做出炭屋，炭屋大小、深浅依炭块大小和香材油脂含量而定。油脂含量高的香材，炭屋宜做深些。

燃香炭

埋炭、塑灰：拢灰埋炭，使炭全部埋在香灰中，灰高高隆起。用香拍轻轻压灰，使香灰与炭严密结合，表面光滑，然后在香灰上塑出各种花形。

理灰、做炭屋

入炭

塑灰

开火孔、放银叶（隔片）：用香针在塑好的香灰顶端轻轻探入，直至炭块，火孔大小也依香材品级而定。在火孔顶端放上隔火片。

打香针

开火孔

放银叶

切香材、放香材（或香粉）：切好香屑，将香屑或香粉放在隔片上。

取香材

试炉温：轻轻用手背在香炉上端感知炉温是否上升。

品香、传香：若为一人自品，可"鼻观先参"，慢慢品鉴。若为香席，则主香者先品三次，然后从左到右依次传递。每到一人，品香三次。

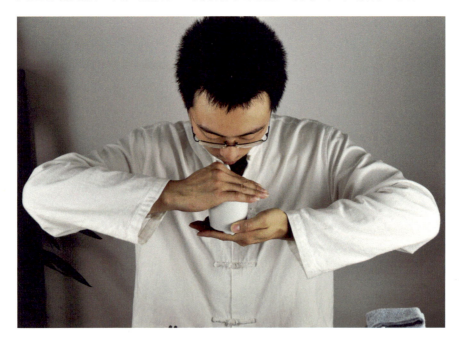

品香

写香笺：香过三巡，滋味、感触、体悟要一一记录在香笺上。

这是一种基本仿日式香会(香道)的闻香方式，但也不尽相同。只是，因为品闻的是同样昂贵珍奇的沉香，所以要恭敬而严谨，慢慢品赏其香氛。

隔火香的养生意义体现在以下几方面。

① 在雅致的环境中，有秩序而规范地做一炉香，无论是独品幽香还是三五好友香会，这种略带表演性质和静穆的仪式和环境，都会使人收敛、自持、严谨，甚至肃然起敬。

② 过程本身就是静心、修持。

③香材以最自然的形式散发香氛，慢慢品鉴头香、本香、尾香，香韵变换，触动人心，或追忆过往，或感知今天，或明晰未来，人与香、人与人、人与自己、人与万物都融会贯通。

闻香可以使人心生喜悦。因为纯天然的香材，随着炭火炉温的不断升高，会出现香韵的变化，品闻这种变化，会使人体内外环境协调统一，利用香品的挥发性及其所形成的药理环境对使用者形成良性刺激，激发精气、疏通经络、调整气血、开窍醒神、助思维。

作者曾有这样一次经历。

在一次品香体验课上，作者慢慢做完一炉隔火香，拿出越南芽庄沉香屑，放在银叶上，让学员慢慢传递品闻。香过三巡，忽见一女学员泪流满面，鉴于香席秩序，作者只是默默地递了纸巾过去。待香席结束，见其香笺上赫然有一句话——"香，如母亲般温暖"。她说，那种温暖的甜香，有小时候她家房后小池塘清晨的气息，于是，想起了因婚姻问题意见不同，自己已一年没回家看母亲了，不禁潸然泪下。学习结束，她做的第一件事就是回家看妈妈。

缕缕香氛，通过嗅觉使人精神焕发，使人振奋；使人忘记世俗的烦恼，净化心灵，开示人生。北京大学滕军教授曾发表过一篇题为《人生之绿洲》的文章，她引用日本香道协会会长三条西公的话说，香道是"情操教育的一环，香道可陶冶情感、丰富内在、完善人生"，是"人生之绿洲"。只要真正体验过，你就会觉得，这些比喻并不为过，这才是香道养生的终极作用和最高境界。

隔火香养生注意事项如下。

第一，不攀比。并非只有高品级沉香，甚至奇楠才能闻香悟道。一味攀比，心态不正，即便是好香也难以品鉴出来。

第二，不只是单品香才能做隔火香，合香香丸、香饼都可以做隔火香，而且更有古意和韵味，针对性更强。

第三，不建议经常闻同一味香。例如，沉香有镇静作用，身体过于虚弱的人不宜经常闻。檀香单闻，气躁，血热型人多闻，易心烦神慌。

4. 手工制作玩末香

当代丰富的香材、香粉，如花卉香、木本香和脂类香使用香养生的方式更具多样性。借用丰富的工具做一些香囊、手串、香牌等是实用又养生的好方式。

① 做香囊

手工做香囊，最古老的佩香法，也是当今最简便的用香方法之一。

首先从专业香店购来纯天然香粉，然后按专家提供的配方配制，当然配方一定要准确。如果没有把握，也可以从专业香文化机构或香道老师处买来配制好的香粉。

例如，按春季养生香囊配方（参考第三章香方），配好香粉，分装在无纺布内袋中，然后装进选购的漂亮锦袋中。有的需要穿针引线，有的采用"一拉得"封口。

称香粉

合香

装内袋

装香囊

封口

为使香囊饱满,也可放入脱脂棉。

穿针引线缝香囊,阵阵香氛扑鼻,细细缝,密密织,忘却尘世烦恼,静享缕缕香氛。一个个香囊缝好后,做包饰、挂车上、放床头、送亲朋,乐融融,爱融融。香氛随身,既美观又保健。

② 做手串。

当代时尚的标志之一是佩戴饰品。其中手串是时尚人士不可或缺的饰品。有的是念珠,有的是纯装饰品。用纯天然香粉加纯天然黏合剂(榆树皮粉或楠木皮粉)和成香泥,团成香珠,然后一颗颗穿成串,加上隔珠,就成为漂亮的养生手串。

以夏季养生手串配方与制作过程为例。

配方:参考第三章香方。

称粉、合香:按重量称好,充分拌匀。加蜂蜜适量,慢慢加水至能粘合成团。

和香泥：最好醒3小时，然后慢慢揉至光滑有弹性。

团珠：把香泥分成大小均匀（可根据串珠大小而定）的小团，然后在手心慢慢团成珠。

穿孔：待香珠半干时，用工具轻轻穿孔，小心防裂。

做成香珠

穿珠孔

成串

腕上飘香

待香珠慢慢窨干后,加上隔珠穿串,便可戴在手上。"罗袖善舞,腕上飘香",除汗味,芳香怡人,养生、养心而又时尚。而且长期佩戴,也会产生人养珠、珠养人的效果。香串包浆,颗颗莹润。

③ 做香牌。

香粉用同样的方法也可借用模具做成香牌，拓出各种吉祥如意的图案，做车挂、腰牌、胸牌、包饰等，香伴吉祥，寓意美好。

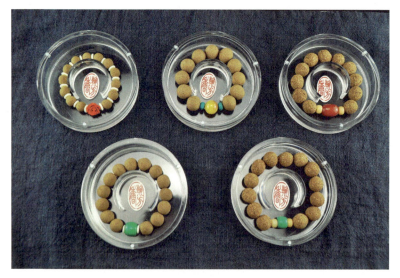

养生手串

养生挂件

二、香氛围的养生之法

1. 工作、创作——"灵芬一点静还通"

当你为工作百思不得其解时,当你必须完成某一方案而又疲倦难耐时,当你需要集中精力而又思虑散乱时……你是否还在借助一支支烟卷、一杯杯浓茶提神、凝思、启悟?

从今天起,试试用一支沉、檀,燃一炷馨香。

把雅致、美观的香插、香筒或香炉放在桌上,插上一支檀香、沉香或醒脑提神"闻思香"。点燃。

暂停你手头的工作,收回你所有杂念,静观这一炷馨烟。

观它徐徐上升,缭绕变幻:时而轻袅,时而缠绕,时而聚如丝带,时而散若烟霞。想想你的方案症结在哪里——是目标?是执行?还是客户?

深吸气,品闻你鼻息里那缕缕馨香:是花香?草香?木香?大自然的什么香?展开你的思维,你会从中嗅出一分提示。

三分钟后,回到你的工作中。一缕香氛在鼻、入脑、凝神,一种气息伴呼吸、入肺、沁心、正念。一种回忆忽然记起,一种思虑顿然明晰……

因为纯天然香氛,本可醒脑、提神、凝思、专注,协助你展开思维,拓宽想象,启智开悟。

如果你是白领、金领,如果你正在备战高考、研考、国考等,如果你在创作诗文歌赋……添此一缕香氛,皆可"焚香澄神虑"(韦应物《小坐西斋》),"灵芬一点静还通"(朱熹《香界》)。

【闻思香】

玄参、荔枝皮、松子仁、檀香、香附子、丁香各二钱 甘草三钱

做法：各材料均打磨成粉末，合和，用白芨粉做黏合剂，加炼蜜和匀。窖藏一月，取出团成黄豆大的香丸或药片大小的香片，窖干。隔火煎香，伴读、创作时用。

研习古法，采购现代香料、香药，可手工做成香饼、香丸，采用隔火熏香法闻香。配香、合香、制香、用香的过程就是养心、祛躁、养生的过程。

2. 商务、谈判——有事好协商 共品一炉香

作者朋友郭总的公司与同行荣总的公司正在谈一项合作。几次三番，总因利益分配问题争执不下。饭局吃过了，酒宴喝过了，歌厅唱过了，但总是不能签约。

在几乎就要放弃之时，作为乙方的郭总请甲方到某茶苑，准备茶聚。这次正好郭总约了作者。出于习惯，作者自然是带了助手，在茶席上用沉香粉配红茶粉慢慢演绎了一炉传统篆香。朋友郭总也是爱香之人，一边品茗，一边与荣总聊香的话题。

当一炉"唯吾知足"篆香打好时，我有意请荣总来点燃这炉馨香。一时，馨烟袅袅升起，缥缈变幻，香篆明灭，清香入鼻。篆文渐渐成灰，两位老总品茗闻香却越聊越欢，似乎忘了大家是商业对手。

突然，甲方的荣总说："郭总，咱们的那项合作，可以达成了。我方舍弃些小利，我们共同努力吧。"

我和郭总愕然。然而，片刻之后我突然明白了，是这炉香氛的作用。

是啊，香是平等、无私、圣洁、满含敬意的，又可启智、开悟、净心。同闻一炉好香，香和人和。在如此一种香氛中，用一炉香的时间，让人内观、自省，明白合作共赢的重要性，达成协议是极有可能的。

当然，除了商务谈判，会议座谈、接待客户皆可以用一炉香，烘托出不一样的气氛，提升文化品位、涵养，营造和谐、平等、互助的氛围。

【平等香】（商务用）

檀香 零陵香 百合香

用法：130目以上细粉，按6:2:2的比例合和均匀。做篆香，商务接待、谈判用。

3. 生活、居家——"香满芸窗月满户"

结束一天紧张、忙碌的工作或辞掉一次应酬，回到家里。换上居家服，打开音响，让古琴曲缓缓流淌在客厅、书房。

这时，请燃一支天然沉香，馨香满室的时候，家人团座。聊聊父母的身体、儿女的学业、爱人的新衣，或随意翻几页闲书、写几笔书法，或和远方的朋友闲聊、微信，一切随心，惬意轻松。

如果有时间，请出多宝阁上的铜炉具，拿出心字香篆，慢慢理灰、压灰、放篆、添香，拓出"心"字香篆，点燃。心随烟静，情随香安。此时，是否有一首诗萦绕唇边？"何日归家洗客袍？银字笙调，心字香烧。流光容易把人抛，红了樱桃，绿了芭蕉。"

时光悠悠，偷得片刻，留于自己和家人。当"香满芸窗月满户"时，家的温馨四溢，才是你生活的本味！

三、香生活的养生之法

1. 读书、听琴——"即将无限意,寓此一炷烟"

"明窗延静书,默坐消尘缘。即将无限意,寓此一炷烟。"宋代陈去非的《焚香》诗,道出了焚香读书的意境。当今,众多的短信、微信、网络小说、电子书等文化快餐和文化简餐充斥着人们从早到晚的空间,甚至各种知识和新闻成了不由你选择的推送式阅读。那种手捧书卷、细读慢品、反复推敲的读书情景成了一种奢侈的享受。如果有这样的奢侈时刻,请你一定燃一支沉、檀,让香氛陪伴你左右,伴你凝思、冥想,陪你遐思、闲散,为你营造更加惬意的阅读空间。

读闲散的书籍,如小说、散文、诗歌之类,适合燃沉香线香或电炉熏沉香屑。沉香悠然、缥缈的香韵会带你进入书中的意境,感知人物、场景、词句这些纯文学给你带来的无限遐思、幻想、情感体验等。

读知识类书籍,如科普、专业、应用类图书或者经书,适合燃一支檀香或醒脑提神类合香篆香。这类香氛宁静、包容、提神,缕缕香氛会让你凝神、专注,增强记忆。

在书房、在阳台、在花园甚至在宾馆,读一本好书,焚一炷好香,书页含香,文词隽永,让你如沐春风,是不可多得的享受。

2. 静心,助眠——"灯影照无睡,心清闻妙香"

假若工作压力和生活的烦恼让你辗转反侧、夜不能寐,假若失眠已成为影响你生活质量的大敌,假若你尝试过多种方式甚至安定剂也无济于事,请你在晚上睡前给自己添一缕香氛。利用香料的安神、静心、助眠作用，使自己摆脱困扰。因为，失眠多是脑神经疲劳造成的，劳神、多虑是神经失调。安神香药的香气进入人体后，通过经络运转全身，滋养大脑，安定心神，平衡人体内环境，会从多方面达到助睡眠的效果。

轻松用香，你可以边看电视边用香料泡脚，你可以把香料放入浴桶中泡浴，你也可以把香包放在枕边……"灯影照无睡，心清闻妙香"，定有好结果。

这里提供一个较为简便易行并行之有效的减压助眠香方。

【香方】

沉香粉 3g 降真香粉 3g 安息香粉 2g 乳香粉 2g 薰衣草粉 2g 白芷 1g 桂皮 1g 小茴香 1g、蜂蜜适量

用法：

① 分成 5g 一小包，用无纺布包好，泡浴。

② 以绢袋做成香囊，放于枕边或卧室。

③ 用香拓制成篆香，睡前焚用。

④ 将香粉加入适量蜂蜜，制成香丸（如绿豆大小），做隔火煎香，睡前熏闻。

⑤ 睡前水冲服合成之香丸。

以上方法任选其一，或两种并用，不可全用。坚持两周，定会有效果。

3. 浅酌、小聚——香·茶一味欣满怀

有朋自远方来，有的适合酒肉饭菜，有的却适合清茶一杯，小聚深谈。于是，茶苑、茶楼甚至家庭茶室慢慢成了会客佳处。若有一盏盏香茗，配以一缕缕名香则如何？香·茶一味，养鼻润心。

明代的徐渤在《茗谭》中写道"品茶最是清事，若无好香在炉，遂

乏一段幽趣；焚香雅有逸韵，若无名茶浮碗，终少一番胜缘。"品茗、闻香，自古为雅聚必备。而在当今物欲横流、人心不古的环境下，与朋友相约在一个优雅的茶室，品一杯清茶，谈一席体己，有一炉或一炷馨香在侧，更让人心静、放松、舒适。

一炉香之与茶，相和相扣，相得益彰。以茶之润喉、清心，香之幽静、深沉，共同营造出好友相聚的美好情调，而且香气助人回忆，引人思恋，使友情、亲情更加凝聚。

泡茶之前，焚香静气，使泡茶的主人收心、凝神、专注，使品茶的客人静心、祥和，香是对茶、对人的敬意，有这份敬意，才能泡出好茶、品出好茶。之后，边品茶，边打一炉篆香，香粉可用沉、檀佐以花香、抹茶粉等（所配辅香应与所饮茶香气相近），香助茶韵，香燃茶情，放于茶室临窗位置，让淡淡的香气飘来，名香、香茗相得益彰。还可以先做一炉隔火香（沉香），一边传香品闻，一边饮茶入口，茶香、香茶两相和合。

当代还有一种把香煮成茶的方式，就是把沉香削片，煮水单饮，沉香的润肺、养胃、静心功能——发挥出来，提升了茶的养生价值。

【寿阳公主梅花香】

檀香 10g 丁皮 10g 茴香 10g 甘松 5g 白芷 5g 牡丹皮 5g 藁本 5g 降真香 2g 白梅 6g

做法：除丁皮以外，皆应焙干磨为粗末，合和，入白芨和炼蜜制成香膏，再做成香饼、香丸，用瓷器窖一月多。取出可隔火熏香。气如梅花般清香可人。适合聚会、雅集。

【庭院香】

沉香、檀香、零陵香、藿香、甘松各 10g 大黄 5g 茅香 5g

用法:130目以上细粉,可和入杏仁粉少许,以便拓篆时好脱。取大号香印,用大号铜质香炉打篆香,适合厅堂或庭院焚香。

4.旅行、外出——"宝马雕车香满路"

"香牌作车挂,香囊为包饰。旅店一炷香,宾馆如家里。"这是香伴旅行的味道。旅行,请带上你的香。

香牌车挂,微微晃动在你的车前窗,许是友人赠送,或是亲手精工。此时,那淡淡的檀香,是你对旅途出行的祈福;那悠悠的柏香,让你心无杂念,开车专注;那丝丝龙脑香,正是你提神的醒脑剂;抑或还有花香、草香。纯天然植物香,愉悦着你和车内每一个亲友。何止是远途出行,平时车里有这么一缕清香,何惧堵车心烦,雾霾污染,躲进车里,开车就是养生。

用纯天然香粉配个香囊,系在随身的背包上,晃晃悠悠间香气养鼻醉心,包饰时尚引人,是女子的最爱。春纳艾草、丁香,香气排毒养颜;夏纳薄荷、冰片,香气凉爽除汗;秋冬檀香、乳香,香氛满含温暖。香囊随身,香气随心,香了自己,也香了别人,不知惹出多少爱恋!

最重要的旅行用香,是宾馆用香。人在旅途,再高级的酒店也不似自家卧榻,会有陌生、不安、气味不对、择床不适、气场紊乱感。这时,拿出你随身携带的沉香或檀香,只需一支,在袅袅馨烟中即可找到感觉,似乎回到了熟悉的空间,卫生、舒适、好梦、安然。

中医认为香乃纯阳之物,香味发散属阳性,焚香可以补阳扶正。道家认为香为天地灵气,焚香能祛除污秽之气,转变风水,改变运道,带来好的运气。香氛做伴,不但可以让你的出行多一分安全,多一分情调;

而且，香的吉祥寓意，也会祝福平安、顺利！

【静心香】（休闲用）

沉香 丁香 薰衣草

用法：130目以上细粉，按6:2:2的比例合和均匀。做篆香，聊天、休闲、养心用。

5. 馨烟通天界——感格鬼神，清净心身

"感格鬼神，清净心身"，香通天感地的灵性，是它亘古不变的作用之一。

佛堂三炷香，供养佛、法、僧，当时戒、定、慧。礼佛之人净手素心，这一刻在馨烟升腾时至善至诚，唯愿传递信息于虚空法界，感通十方三宝的加持。这时候，香是虔诚和恭敬，烟是沟通和导引，心是随愿而升起的菩提；这时候，觉而不迷，正而不邪，净而不染，如是心通；这时候，祈福愿，消灾难，保平安，普及四方。

祭祖三炷香，在庙堂，在家园，在坟头。是慎终追远，是故亲思念，是安然告慰。逢年过节，初一下九，"嬉戏莫相忘"；逢喜遇祸，梦有所托，"家祭无忘告乃翁"。是对故去的仙灵，也是对自己的安慰。有一炷馨烟缭绕，你便知晓所有的想法亲人都收到了。你便心净，你便无所挂念，你便坦然。小到平民百姓的一个念头，大到炎黄子孙的寻根问祖，一炷香，蕴含了多少述说不尽的情感。

静心一炉香，摈弃杂念，内观自己。"为人谋而不忠乎？与朋友交而不信乎？传而不习乎？"（《论语·学而》）——如是三省，是做人之正念。忙碌生活什么才是真谛？世事纷扰怎样才能内守自己？静下来听一听你

的心是怎样告诉你的。百思不得其解之事,今借一缕灵芬,拷问冥冥空灵,可有答案从虚无中飘然而来?

灵芬一点,感知万物;香烟一缕,通达诸念。一点通,百事通;一念明,万事明。明事理,则明人生;明人生,则健康长生!

【五真香】

沉香10g 乳香5g 降真香5g 檀香5g 藿香5g 榆皮粉10g

做法:各磨成150目以上细粉,合香,用榆皮粉做黏合剂,加适量炼蜜,和成香泥,用工具挤压或用手搓制成线香。焚燃敬佛、祭祖,尤其适合在家庭室内使用,既可表敬意,又可养心神。

后记

在威海乳山银滩的檀香丽湾，这个背山面海的北方养生胜地，完成了本书的第三稿。

时近中秋，月牙初上，冰轮待圆。海上灯影绰绰，屋后秋虫吱吱。炉中一盘"静思香"仍馨烟袅袅，时而缭绕于刚刚码起的手稿，时而抚摸我仍在敲击的键盘。香氛永续，正如我对这本《香道养生》的期盼，盼它能给爱香、爱生活、爱生命的人们，添一缕健康的芬芳，我愿如这草木香般燃烧自己。

感谢编著此书时给我支持、鼓励、帮助的朋友和同事！感谢张梵老师、张一凡老师在编著资料方面给予的支持！感谢北京京西翰方医学研究院刘长青总监、翰方香道项目部李鑫老师、黄艳（黄艳玲）老师为书稿梳理、图片提供付出的努力！感谢洛阳故知姚立军女士的策划和督促！

时日匆匆，暑尽秋来，文稿已反复修改。但每看一次，总觉内容有诸多不完善之处。明白了书到用时方恨少、文不厌改终无极的含义。就此搁笔，不妥之处、愿西尔俯首。

对香合十，愿此书馨香永传！

甲午年任申月丙子日于威海